機械系コアテキストシリーズ E-1

機械加工学基礎

松村　隆・笹原 弘之
共著

▼

コロナ社

機械系コアテキストシリーズ
編集委員会

編集委員長

工学博士　金子　成彦（東京大学）

〔B：運動と振動分野　担当〕

編 集 委 員

博士（工学）　渋谷　陽二（大阪大学）

〔A：材料と構造分野　担当〕

博士（工学）　鹿園　直毅（東京大学）

〔C：エネルギーと流れ分野　担当〕

工学博士　大森　浩充（慶應義塾大学）

〔D：情報と計測・制御分野　担当〕

工学博士　村上　存（東京大学）

〔E：設計と生産・管理（設計）分野　担当〕

工学博士　新野　秀憲（東京工業大学）

〔E：設計と生産・管理（生産・管理）分野　担当〕

2017 年 3 月現在

刊行の
ことば

このたび，新たに機械系の教科書シリーズを刊行することになった。

シリーズ名称は，機械系の学生にとって必要不可欠な内容を含む標準的な大学の教科書作りを目指すとの編集方針を表現する意図で「機械系コアテキストシリーズ」とした。本シリーズの読者対象は我が国の大学の学部生レベルを想定しているが，高等専門学校における機械系の専門教育にも使用していただけるものとなっている。

機械工学は，技術立国を目指してきた明治から昭和初期にかけては力学を中心とした知識体系であったが，高度成長期以降は，コンピュータや情報にも範囲を広げた知識体系となった。その後，地球温暖化対策に代表される環境保全やサステイナビリティに関連する分野が加わることになった。

今日，機械工学には，個別領域における知識基盤の充実に加えて，個別領域をつなぎ，領域融合型イノベーションを生むことが強く求められている。本シリーズは，このような社会からの要請に応えられるような人材育成に資する企画である。

本シリーズは，以下の5分野で構成され，学部教育カリキュラムを構成している科目をほぼ網羅できるように刊行を予定している。

A：「材料と構造」分野

B：「運動と振動」分野

C：「エネルギーと流れ」分野

D：「情報と計測・制御」分野

E：「設計と生産・管理」分野

刊 行 の こ と ば

　また，各教科書の構成内容および分量は，半期2単位，15週間の90分授業を想定し，自己学習支援のための演習問題も各章に配置している。

　工学分野の学問内容は，時代とともにつねに深化と拡大を遂げる。その深化と拡大する内容を，社会からの要請を反映しつつ高等教育機関において一定期間内で効率的に教授するには，周期的に教育項目の取捨選択と教育順序の再構成が必要であり，それを反映した教科書作りが必要である。そこで本シリーズでは，各巻の基本となる内容はしっかりと押さえたうえで，将来的な方向性も見据えることを執筆・編集方針とし，時代の流れを反映させるため，目下，教育・研究の第一線で活躍しておられる先生方を執筆者に選び，執筆をお願いしている。

　「機械系コアテキストシリーズ」が，多くの機械系の学科で採用され，将来のものづくりやシステム開発にかかわる有為な人材育成に貢献できることを編集委員一同願っている。

　2017年3月

編集委員長　金子　成彦

まえがき

　機械加工は素材を機械的または力学的に成形するものであり，除去加工や塑性加工がある。近年では，輸送機械をはじめ，医療，エネルギー，情報などのさまざまな産業における製造工程に対する要求が厳しくなり，機械加工でも高能率化や高品位化に向けた作業の改善や最適化が求められている。これまで，このような作業改善は多くの試験を通じて事例的に検討されていた。しかし，年々，軽量・高強度となる素材，寿命特性が向上する工具，機能や性能が進歩する工作機械に応じて，試行錯誤によって作業の改善を図ることは難しい状況にある。そのため，最近の生産技術の開発では，部品の短納期化や省資源などの観点から，加工に関する理論的な背景と，これに基づくシミュレーション技術などに対する関心が高い。このような製造プロセスの技術的な要求を踏まえ，本書では，除去加工における切削，研削，研磨加工を対象とし，加工作業に関する実践的な説明と加工現象の理論的な背景を解説するものである。

　1章は，総論として多くの加工法を紹介し，その加工原理を簡単に要約している。本書で取り扱う切削，研削，研磨以外の加工の詳細は他書に譲るが，ここでは，基本的な違いを明確にし，それぞれの特徴について述べている。

　2章では，まず種々の切削作業を取り上げ，それぞれの切削機構や用途について説明する。つぎに，切削のメカニズムとそのモデル化を取り上げ，切削に関する基本的な内容を述べている。さらに，切削における評価は工作機械とともに工具の性能に影響する。そこで，工具の寿命に対する考え方として，切削温度，工具材料，工具の摩耗について解説する。ここでは，基礎的な概要とともに，切削温度の数値解析手法，工具摩耗モデル，切削条件の最適化など，近

年のコンピュータの進歩を踏まえて，シミュレーションへの発展についてもふれている。本章最後では，切削過程が製品の仕上りに及ぼす影響を精度，仕上げ面粗さ，残留応力と加工変質層の観点から説明している。

3章では研削加工を対象とし，まずそのメカニズムに関する概要について解説し，砥石の性能とそれが研削過程に及ぼす影響について述べる。つぎに，種々の研削作業とそれを実施する工作機械を紹介している。研削仕上げ面の制御においては，砥石作用面の調整技術，研削条件による除去量やそれが表面や表層部に及ぼす影響が重要となる，この章の後半では，それらの理論的な背景を示し，それと実際における研削状態とを関連づける。

4章では，研磨加工の特徴，種類，加工機構を説明する。圧力制御による研磨加工では，一般に研削加工よりも良好な仕上げ面が得られ，非常に高い平坦度を達成できる。ここでは研磨加工を固定砥粒研磨法，遊離砥粒研磨法，自由砥粒研磨法に分類し，それぞれの加工方法と実用例を示す。また，それらの特徴と優位性について述べている。

本書は，ある程度の数学や物理の知識が必要であるため，機械工学系大学生の専門教育，または企業における生産技術の導入用として著したものである。本書ではあまり多くの事例を載せず，素材や工具などの加工環境の今後の変化にも対応できるように，加工現象に関する考え方や因果関係を中心に解説している。また，章末の演習問題に対する解説も，読者にさらなる理解を深められるように記述した。読者の研究開発への発展に寄与できたら幸いである。

最後に，金子成彦（東京大学教授）委員長をはじめ本シリーズ編修委員会委員の先生方，本書執筆の機会を与えて頂きました新野秀憲先生（東京工業大学教授），そしてコロナ社には大変お世話になりました。ここに深く感謝いたします。

2018年4月

松村　隆・笹原弘之

目　次

1章　機 械 加 工 学

1.1　材 料 加 工　*2*

1.2　機 械 加 工　*5*

1.3　除去加工の現象　*7*

1.4　除去加工の産業応用とその課題　*8*

1.5　工作機械技術の課題　*10*

演 習 問 題　*11*

2章　切 削 加 工

2.1　切 削 加 工 法　*14*

　　2.1.1　旋　　　　　削　*14*

　　2.1.2　フライス・エンドミル切削　*16*

　　2.1.3　ドリル・リーマ・タップ切削　*20*

　　2.1.4　平削り・形削り　*24*

　　2.1.5　ブ ロ ー チ 切削　*25*

　　2.1.6　歯 車 切 削　*26*

2.2　切削メカニズムと切削力　*28*

　　2.2.1　切 削 現 象　*28*

　　2.2.2　切削メカニズム　*29*

　　2.2.3　切りくず生成　*32*

2.2.4 構成刃先 *34*

2.2.5 切削力 *35*

2.2.6 切削力の変化 *40*

2.2.7 旋削における切削力 *46*

2.2.8 フライス・エンドミルにおける切削力 *49*

2.2.9 ドリルにおける切削力 *51*

2.2.10 切削力の解析的予測手法 *52*

2.2.11 工具面の応力分布 *57*

2.3 切削温度 *58*

2.3.1 切削エネルギーと切削熱 *58*

2.3.2 切削温度の測定 *59*

2.3.3 切削温度の解析 *61*

2.3.4 切削温度の数値解析 *67*

2.4 工具摩耗 *72*

2.4.1 工具材料 *72*

2.4.2 工具損傷 *74*

2.4.3 工具摩耗 *76*

2.4.4 工具寿命 *78*

2.4.5 工具摩耗モデル *80*

2.4.6 切削条件の最適化 *84*

2.5 加工品位 *86*

2.5.1 加工精度 *86*

2.5.2 仕上げ面粗さ *88*

2.5.3 加工変質層 *91*

2.6 切削油剤 *95*

2.6.1 切削油剤の機能 *95*

2.6.2 切削油剤供給の低減 *96*

2.6.3 切削油の廃液処理 *97*

目　　　　次　　　　　　　　　*vii*

演 習 問 題　*97*

3章　研 削 加 工

3.1　研削加工の特徴と種類　*100*

　　3.1.1　研削加工の特徴　*100*

　　3.1.2　研削加工の種類　*102*

3.2　研 削 砥 石　*103*

　　3.2.1　砥 粒 の 種 類　*104*

　　3.2.2　粒　　　　　度　*106*

　　3.2.3　結合剤の種類　*106*

　　3.2.4　結　合　度　*106*

　　3.2.5　組　　　　　織　*108*

　　3.2.6　研削砥石の形状　*109*

　　3.2.7　研削砥石の表示　*109*

3.3　研削加工と工作機械　*111*

　　3.3.1　平 面 研 削　*111*

　　3.3.2　円 筒 研 削　*112*

　　3.3.3　内 面 研 削　*113*

　　3.3.4　心 な し 研 削　*115*

　　3.3.5　心なし内面研削　*116*

　　3.3.6　ね じ 研 削　*116*

　　3.3.7　歯 車 研 削　*117*

　　3.3.8　その他の研削　*118*

3.4　砥石表面の調整技術　*119*

　　3.4.1　砥石の自生作用　*119*

　　3.4.2　砥石表面状態の変化　*120*

　　3.4.3　ツルーイングとドレッシング　*121*

3.5　研削条件と加工状態　*123*

3.5.1　研削状態のモデル化　*123*

　　　3.5.2　研削状態と加工面層への影響　*125*

　演 習 問 題　*127*

4章　研 磨 加 工

　4.1　研磨加工の特徴と種類　*130*

　　　4.1.1　研磨加工の特徴　*130*

　　　4.1.2　研磨加工の種類　*130*

　4.2　固定砥粒研磨法　*131*

　　　4.2.1　超仕上げとホーニング　*131*

　　　4.2.2　ベルト研削とテープ研磨　*132*

　4.3　遊離砥粒研磨法　*134*

　　　4.3.1　ラッピングとポリシング　*134*

　　　4.3.2　　　CMP　*136*

　　　4.3.3　超 音 波 加 工　*137*

　4.4　自由砥粒研磨法　*139*

　　　4.4.1　噴射加工，アブレシブウォータジェット加工　*139*

　　　4.4.2　バレル研磨と粘弾性流動研磨　*140*

　　　4.4.3　磁 気 研 磨　*142*

　演 習 問 題　*142*

引用・参考文献　*143*

演習問題解答　*146*

索　　　引　*153*

1章 機械加工学

◆本章のテーマ

機械製作における材料加工を総括し，機械的な除去加工の位置づけを示す。また，機械加工における構成要素と材料除去の原理について述べる。そして，本書で学ぶ切削加工，研削加工，砥粒加工の違いと，その適用について理解する。さらに，これらの加工現象を理解するための物理的な因果関係と関連分野を明らかにする。最後に，除去加工が応用されている分野とその技術的課題，除去加工を担う工作機械技術の課題について説明する。

◆本章の構成 （キーワード）

1.1 材料加工
　　　除去加工，非除去加工
1.2 機械加工
　　　強制切込み加工，圧力切込み加工，母性原理，浮動原理
1.3 除去加工の現象
　　　加工力，加工エネルギー，加工温度，摩耗，精度，表面粗さ，加工変質
1.4 除去加工の産業応用とその課題
　　　難削化，（材料の）複合化，硬脆化，微細化
1.5 工作機械技術の課題
　　　高速化，多軸化，高精度化，加工の複合化，知能化

◆本章を学ぶと以下の内容をマスターできます

☞ 機械製作における材料加工の体系
☞ 機械加工の分類と原理
☞ 除去加工に対する理論的な考え方
☞ 除去加工が応用されている分野とその課題
☞ 除去加工を実施する工作機械技術の課題

1. 機 械 加 工 学

1.1 材 料 加 工

われわれの身の回りの機械製品のほとんどは，その構成要素である部品を加工し，それを組み立てることによって製造されている。これらの部品に対する材料加工は，現在，産業製品において不可欠な製造工程であり，これを制御することで，高品質な製品を能率よく，低コストで製作できる。

材料加工（material processing）は，それを実施する加工機，使用工具，加工条件によって制御されるが，単なる加工事例でデータベースを構築しても，新しい材料や作業には柔軟に対応できない。近年，製造業では生産の立上げ期間の短縮化に対する要求が高まり，また環境対応の観点からは，省資源，省エネルギーの指向が強い。そのため，試験材と試験時間の節約が望まれている。このような要求に対して，材料加工を柔軟かつ適切に制御するためには，加工原理とともに，その理論的な背景を知る必要がある。本書は，このような背景に基づき，加工現象を物理的および化学的な観点から解説するものである。

材料加工は，**表1.1**のように所定の部品寸法と形状に対して不要な材料部分を取り除く**除去加工**（removal process）と，接合，付着，変形させる**非除去加工**（non-removal process）に分類される。

除去加工には，機械的に材料を除去する**機械加工**（machining）と熱的，電気化学的，化学的に除去する特殊加工がある。機械加工には本書で対象とする切削（cutting），研削（grinding），研磨（polishing）があり，工具または砥粒を材料に干渉させ，相対運動させることで，材料を除去するものである。これらは比較的大きな面積を効率よく加工し，部品の形状を精度よく仕上げられる。

特殊加工（non-conventional process）には，放電加工，レーザ加工，電子ビーム加工，イオンビーム加工，電解加工，電解研磨（electrolytic polishing），プラズマ加工，エッチングなどがある。

放電加工（electrical discharge machining）は，電極やワイヤと工作物との間でパルスアーク放電を発生させ，その熱によって工作物を溶融または蒸発さ

1.1 材 料 加 工

表1.1 主な材料加工の分類

大 分 類	分 類	加 工 法	エネルギー別加工法
除去加工	機械加工	切削	力学的加工
		研削	
		研磨	力学・化学的加工
	特殊加工	放電加工	熱的加工
		レーザ加工	
		電子ビーム加工	
		イオンビーム加工	力学的加工
		電解加工	電気化学的加工
		電解研磨	
		プラズマ加工	
		エッチング	化学的加工
非除去加工	溶融加工	鋳造	熱的加工
		溶接	
	成形加工	押出し	力学的加工
		引抜き	
		圧延	
		プレス	
		鍛造	

せて除去する熱的加工である。

レーザ加工（laser machining）は，レーザ光をレンズで集光して高密度なエネルギーによって非接触で材料を除去する。光エネルギーが熱エネルギーに変換され，加熱，溶融，蒸発によって，切断，溶接，表面改質ができる。最近では，光エネルギーによって固体表面の原子や分子を直接解離して除去する非熱的加工もある。

電子ビーム加工（electron beam machining）は，真空中で高電圧により加速した熱電子を静電（あるいは磁界）レンズによって集光させて固体表面に衝突させることにより，局所的に材料を溶融・蒸発させて除去する。熱的に穴あけ，切断，溶接，焼入れ，焼なましなどができる加工法である。

イオンビーム加工（ion beam machining）では，イオンを固体表面に衝突さ

せ，その運動エネルギーによって材料を除去または付着させる。レーザ加工や電子ビーム加工は主に熱的加工であるが，イオンビーム加工は非熱的に材料を除去する。

電解加工（electrochemical machining）では，塩化ナトリウムや硝酸ナトリウム水溶液などの電解液中で直流電圧，またはパルス電圧を工具電極（陰極）と工作物（陽極）間に印加し，陽極側の工作物を電気化学的に溶融させて材料を除去する。また，電解研磨も同様に，電解液中で工作物を陽極とし，対極との間に直流電流を流すことによって，材料表面を平滑化する。

プラズマ加工（plasma machining）は，真空中で高電場をかけて電離した電子と陽イオンとなったプラズマ状態を利用した加工法である。プラズマアークを利用したプラズマアーク溶接やプラズマ切断，プラズマを照射して表面処理を行うプラズマエッチング，プラスチック粉末を溶かしながら吹付け塗装を行うプラズマ溶射などがある。

エッチング（photo chemical etching）は，化学溶液による化学反応や腐食作用を利用し，工作物を溶解させる加工法である。露光および現像技術によって微細加工が可能である。エレクトロニクスの微小部品や半導体の集積回路の加工に広く適用されている。

非除去加工では材料を溶融させる**鋳造**（casting）や**溶接**（welding）などの**溶融加工**（melting process）と，塑性変形による**成形加工**（forming）がある。

鋳造は対象形状にならった空洞部を有する型に溶けた金属を流し，冷やして固める加工である。液体金属を用いた鋳造は，量産性や形状の自由度が高く，複雑な形状の部品が容易に製造できる。また，溶接には融接，圧接，ろう付けがあるが，母材を溶融し熱的に結合する接合法である。

成形加工では，材料に力学的なエネルギーを与え，**押出し**（extrusion），**引抜き**（drawing），**圧延**（rolling），**プレス**（press working）などで塑性変形させ，所定の形状を成形するものである。除去加工のように切りくずを出すことはなく，高能率で大量生産が可能である。また，成形条件を制御することで，材料組織を制御することも可能である。

以上のように，機械製作における部品加工には多くの方法があるが，その中でも，切削，研削，研磨による機械的な除去加工は効率とともに加工精度や仕上げ面粗さの制御が容易であり，また，比較的低コストで実施可能なため，古くから多くの産業分野で実用化されてきた。本書では，これらの加工法のさらなる効率化と発展を目的とし，それらの加工原理と加工プロセスの制御について解説する。

1.2　機　械　加　工

機械加工では，**工作機械**（machine tool）上で**工具**（tool）を用い，材料，すなわち**工作物**（workpiece）の一部を**切りくず**（chip）として除去する。工具は工作物に対して切込みを与えて，工作物と工具を相対的に運動させることで除去するが，その方法には，**表 1.2** のように**強制切込み加工**（controlled depth machining）と**圧力切込み加工**（controlled force machining）がある。

強制切込み加工は，**図 1.1** の切削や研削のように，工具や砥石によって材料に所定の切込みを与え，工作機械の駆動機構によって工具と工作物を相対運動させて材料を除去するものである。そのため，加工された部品や製品の形状は工作機械の運動と工具形状によって制御されるが，これを**母性原理**（copying principle）と呼んでいる。強制切込み加工では，切込みに応じて材料が除去されるために効率が高いが，その仕上げ面は工作機械の振動や工具の成形精度に依存する。また，表層部を強制的に除去するために仕上げ面の表面近傍に変質（加工変質）層が生ずる。

一方，圧力切込み加工は，**図 1.2** のように工具を所定の加圧力で工作物に押し付けて加工面との接触部を除去する。また，図（b）のように工具と被削材の界面に自由に運動できる砥粒を介在させて材料を除去できる。この加工では，工具は一定の圧力の下で加工面自体に案内された状態となっており，仕上げ面の精度や粗さは加工の進行とともによくなる。これは**浮動原理**（floating principle）と呼ばれている。したがって，加工精度や仕上げ面粗さは工作機械

表 1.2 主な機械加工の分類

制御別分類	加工分類	加工法	工具
強制切込み加工	切削加工	旋削	成形工具
		フライス・エンドミル	
		ドリル・リーマ・タップ	
		平削り・形削り	
		ブローチ	
		歯切り	
	研削加工	円筒研削	成形砥石
		内面研削	
		平面研削	
		心なし研削	
		工具研削	
		特殊研削	
圧力切込み加工	砥粒加工	ホーニング	固定砥粒
		超仕上げ	
		バフ仕上げ	半固定砥粒
		ベルト研削	
		ラップ仕上げ	遊離砥粒
		超音波加工	
		バレル仕上げ	
		噴射加工	

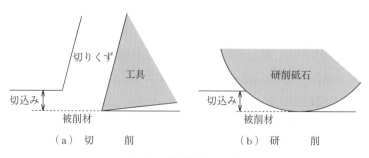

(a) 切　　削　　　　　　(b) 研　　削

図 1.1　強制切込み加工

の運動や工具形状の精度に依存せず，工具と被削材の界面における物理的，化学的な作用によって，除去効率と仕上げ面が制御される．この加工では，前述の強制切込み加工に比べて能率は低いが，小さい加工力で表面を徐々に仕上げ

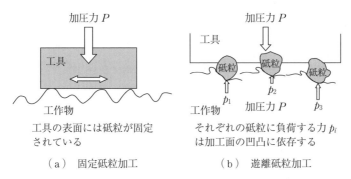

図 1.2　圧力切込み加工

るため，仕上げ面の表層部における変質は少ない。

　圧力切込み加工である砥粒加工には，ホーニング（honing）や超仕上げ（super finishing）のような固定砥粒による加工，バフ仕上げ（buffing）やベルト研削（abrasive belt grinding）のような半固定砥粒による加工，ラップ仕上げ（lapping），超音波加工（ultrasonic machining），バレル仕上げ（barrel finishing），噴射加工（blasting）のように遊離砥粒による加工がある。

1.3　除去加工の現象

　除去加工は，工具と材料の界面に対して力学的なエネルギーを与えて，固体材料の一部を切りくずとして分離するものである。そのため，工作機械，工具，材料の保持などはそのエネルギーを与えるだけの動力と剛性が必要となる。そして，加工条件は材料の除去形状と大きさ，その除去速度を与えるものである。

　除去形状とその大きさは，被削材の変形特性や工具と被削材の界面における摩擦特性により，加工力 F に反映される。これと除去速度 V によって，その加工に必要な単位時間当りの力学的エネルギーが制御できる。この力学的エネルギー U は次式で与えられるが，材料の除去領域において，そのほとんどは熱エネルギーとなり加工点の温度を上げる。

$$U = F \times V \tag{1.1}$$

工具と被削材の界面における物理的および化学的な現象，例えば，材料の変形，界面における材質の変化，工具や砥粒の摩耗などは，その領域における応力と温度に依存する。それが加工作業においては，仕上げられた加工面の形状および表面・表層の特性，除去効率，工具損傷に影響する。以上の観点から，機械加工では，材料，力学，熱，トライボロジー（摩擦，摩耗，潤滑）の分野の知識が必要となる。

また，工具，被削材，これらを保持して運動を制御する工作機械は，加工力の発生により弾性変形し，これが振動を誘発する。前述のように切削や研削は，母性原理に基づいて工作物の形状や仕上げ面を制御しているので，このような工具と被削材との相対的な変位は，精度不良や仕上げ面の劣化を引き起こす原因となる。時間によって変化する構造物の変位 δ は，一般的に外力 F によって次式で与えられる。

$$m \frac{d^2 \delta}{dt^2} + c \frac{d\delta}{dt} + k\delta = F \tag{1.2}$$

ここで，m，c，k は質量，減衰定数，ばね定数であるが，これらは工具，被削材，これを保持しその運動を制御している工作機械の構造系の動特性と関連づけられる。加工における構造系の動特性は，加工点において工具と被削材が切りくずを生成しながら動的に接触しているため，その取扱いは複雑である。また，加工工程とともに材料が除去されて形状が変化すれば，その特性が変化する。さらに加工における振動は，式 (1.2) のような単純な1自由度系の方程式で表現できることは少なく，多くの振動モードを有する連成系となっている。このように，機械加工の動的挙動は複雑であり，これを解析するためには高度な理論や解析が必要である。

1.4 除去加工の産業応用とその課題

自動車，航空機などの輸送機産業では燃費の改善を図るために材料の軽量化

1.4 除去加工の産業応用とその課題

や薄肉化が求められ，構造設計の観点から材料の高強度化に対する技術開発が進められている。また，駆動伝達部における低摩擦化技術，伝達効率や振動の観点から，歯車およびその加工に関する技術開発が求められている。

医療産業では，近年，インプラント製品の市場の拡大に伴い，生体適合材料で高疲労強度の材料が求められている。一方，インプラント部品，低侵襲治療用デバイス，検査基板は，それらの対象が小さいために微細加工のニーズが高い。

エネルギー産業においては大型構造部品が多いが，それらは高温下で高強度な材料や耐腐食性の高い材料が使用されている。また，風力発電などでは部品の軽量化のニーズも高い。

情報産業において，近年，飛躍的に増えている携帯端末機器には，携帯性を踏まえて材料の高強度化とともに軽量化が求められている。また，その製造においては出荷台数が膨大であるため，加工効率に対する要求も厳しい。一方，情報通信技術を担う光学デバイスでは，ガラスなどの硬脆材料が使用されており，その加工に要求される表面粗さや形状精度はナノメートルオーダーである。

以上のような産業界における背景の中で，除去加工を取り巻く環境と課題は，以下のようになる。

〔1〕 **加工材料の難削化**　　航空機，インプラント，エネルギー産業における材料としては，チタン合金，ニッケル基耐熱合金，コバルトクロムモリブデン合金などがあり，それらの加工では工具の損傷が著しい。そのため，高能率化に対しては多くの課題があり，また工具寿命の観点から経済的な利用が望まれている。

〔2〕 **加工材料の複合化**　　近年では，材質や機能の異なる複数の材料を組み合わせ，高度で複雑な機能を有する部品や，軽量かつ高強度な構造部材が開発されている。特に，最近では構造部材として炭素繊維強化プラスチック（carbon fiber reinforced plastic，CFRP）の利用が増え，この加工に対するニーズが増えている。したがって，従来のような単一材料の加工を対象とした工具

や加工条件では対応できず，複数の材料を同時に効率よく加工できる技術開発が望まれている。

〔3〕 **加工材料の硬脆化**　ガラスやセラミックなどの硬脆材料を用いた光学素子，センサ部品，検査部品などの製造では，加工時のき裂の発生が製品機能を低下あるいは不能にするため，いかに損傷を抑えて表面を仕上げるかが重要となる。そのため，機械的な除去加工では，微細切削，研削，研磨によって，形状精度ともに，ナノメートルスケールでの表面仕上げが要求されている。

〔4〕 **加工材料の微細化**　医療部品，センサ部品，光学部品の機械加工では，上記の材料に対して，マイクロ，サブマイクロメートルオーダーでの微細加工が要求されている。微細加工では，加工機の超精密位置決めと運動精度，微細工具の成形，その他に保持や工具の接触検出などの技術開発が課題となる。

1.5 工作機械技術の課題

加工を担う工作機械においては，効率や柔軟性を考えたハードウェアに関わる課題と，生産情報の管理と運用に関するソフトウェアに関する課題がある。以下に，それらの課題について説明する。

〔1〕 **高　速　化**　加工工程の高能率化のために，工作機械の主軸の高速回転や，テーブルの高速駆動が必要となる。そのために，ベアリングなどの機械要素技術，リニアモータの制御技術，テーブルやスピンドルの軽量化技術が必要となる。

〔2〕 **多　軸　化**　曲面を有する金型やインペラなどの加工には，複数の運動軸を同時に制御することが必要となる。そのため高精度な制御技術とともに，部品の設計情報に基づいた加工情報が不可欠である。また，加工が複雑になれば，工具の姿勢や他の周辺器具との干渉にも配慮しなければならない。このように，工作機械の多軸化には制御技術だけでなく，加工プロセスデータの

生成やシミュレーションなどのソフトウェア技術も不可欠である。

〔3〕 **高 精 度 化** 加工される部品や製品の精度は工作機械の特性に大きく依存するため，運動制御技術と機械構造の両側面から，高精度化に対する技術開発が必要となる。工作機械における精度不良は主に力学的変形と熱変形に起因するため，これを改善する構造設計やセンサ技術などが必要である。また，運動制御技術の確立には信頼性の高い精度評価も不可欠である。

〔4〕 **加工の複合化** 加工作業では工作機械のテーブルに工作物を保持する段取りが必要であるが，その脱着は非加工時間を増やすだけでなく，精度も悪化させる。したがって，1回の段取りですべての加工が完了できれば，作業時間の短縮と精度の管理が容易となる。そのため複数の工程を一つの加工機で実施できる加工機能の複合化技術と，これを実現し得る工具などの周辺技術の開発が必要である。

〔5〕 **知 能 化** 工作機械の機能を十分に活用し，所定の形状と仕上げ面を効率よく加工するためには，加工に関わる情報やシミュレーション技術が必要となる。また，加工状態を監視し制御するためのセンサ技術や信号処理技術も不可欠である。さらにネットワークに接続された工作機械では，通信技術とそれを活用した情報化も進めるべきである。

演 習 問 題

〔1.1〕 母性原理に基づく切削加工や研削加工でも，所定の形状を得ることができず加工誤差が生ずる。加工誤差が生ずる理由について説明せよ。

〔1.2〕 強制切込み加工である切削と研削の違いについて述べよ。

〔1.3〕 ニッケル基耐熱合金などは，加工しにくい難削材である。難削材としての位置づけられる理由を挙げよ。

〔1.4〕 炭素繊維強化プラスチック（CFRP）は，多くの産業製品に利用されているが，加工しにくい材料の一つである。その理由について説明せよ。

〔1.5〕 硬脆材料の微細加工技術を取り上げ，その特徴を比較せよ。

〔1.6〕 工作機械の高速化に関する技術として，炭素繊維強化プラスチック（CFRP）をテーブルなどの構造部品に使用する例がある。CFRP をテーブルの構造用材料とし

て使用する効果について述べよ。

〔1.7〕 多軸複合加工機の導入における利点と配慮すべき点を述べよ。

〔1.8〕 加工状態の監視技術に関し，センサ技術と信号処理技術で考慮すべき項目を記せ。

〔1.9〕 加工時間が長くなると工具の一部が擦り減って（摩耗），切れ味が悪化し，仕上げ面に悪い影響を及ぼす。また，工具が欠けて，それ以後の加工が持続できない場合もある。このような現象を監視する物理量について述べよ。

2章 切削加工

◆ 本章のテーマ

　切削加工は，刃物が材料の一部を切りくずとして除去しながら，所定の寸法に仕上げる加工法である。これは古くから多くの製品や部品の製造技術として適用されてきたものであり，他の加工法に比べて除去効率が高く，形状制御性もよい。近年では材料や工具の開発が進み，これらに対応した切削作業の改善や最適化が望まれている。そのため，物理的な観点から切削現象を把握することが必要となる。本章では，まず，一般的に実施されているさまざまな切削作業を述べる。つぎに，切削機構とその力学，温度，工具摩耗に関する理論的背景を説明し，製品や部品の加工品位の観点からこれらとの関係を明らかにする。最後に，切削油剤の機能について述べる。

◆ 本章の構成（キーワード）

2.1　切削加工法
　　　旋削，切削，フライス，エンドミル，ドリル，リーマ，タップ，平削り，形削り，ブローチ，歯車切削

2.2　切削メカニズムと切削力
　　　切りくず生成，構成刃先，切削力，二次元切削，三次元切削

2.3　切削温度
　　　切削エネルギー，発熱，切削温度

2.4　工具摩耗
　　　工具材料，すくい面摩耗，逃げ面摩耗，工具寿命，凝着拡散，引っかき

2.5　加工品位
　　　加工精度，仕上げ面粗さ，加工変質，残留応力

2.6　切削油剤
　　　潤滑，冷却，耐溶着，切りくず排出，セミドライ加工，ドライ加工，

◆ 本章を学ぶと以下の内容をマスターできます

☞　各種切削作業とその特徴
☞　切削機構とその力学
☞　切削熱と切削中の工具，切りくず，被削材の温度
☞　工具摩耗形態，工具寿命に対する考え方，工具摩耗に対する理論的背景
☞　加工誤差，仕上げ面粗さ，加工変質に関する要因
☞　切削油剤の機能，供給方法，処理方法

2.1 切削加工法

切削加工は,刃物が材料の一部を切りくずとして除去しながら,所定の寸法に成形し,仕上げる加工法である。切削作業では,刃物を工具,または**切削工具**(cutting tool)と呼び,削られる材料を**被削材**,または**工作物**(workpiece)と呼んでいる。**図 2.1**は基本的な切削様式を示したものであるが,図のように工具の先端部で固体材料を分離し,ここから削り取られる部分の上面を斜め方向にせん断変形させることで,切りくずを生成する。このときに工具が一度に除去する被削材の表面からの深さを**切込み**(uncut chip thickness)と呼んでいるが,工具が被削材に切り込んだ状態で相対運動を起こすことで,材料の一部が削られる。このように,切削は機械的に材料を除去する簡単な加工原理であり,加工する形状の制御が容易なため,その作業様式は多岐にわたっている。本節では,多くの製品や部品加工に適用されている切削作業を示し,その特徴を説明する。

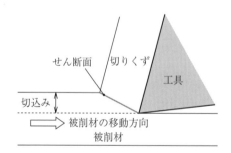

図 2.1 切削加工

2.1.1 旋　　　削

旋削(turning)は**図 2.2**(a)のように被削材を回転させ,被削材に対して工具に切込みを与え,被削材の軸および半径方向に運動させることで,材料の外周,端面,内面を仕上げる加工法である。図(b)はこれを実施する**旋盤**(lathe)の例であり,図(c)は旋削で使用される工具の例である。旋削は,旋盤上で被削材を回転させて加工するため,主に,軸対称の円筒またはそれに

2.1 切削加工法

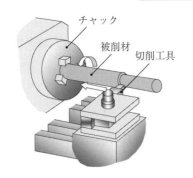
（a） 旋削作業

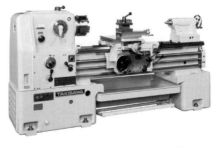
（b） 旋盤（滝澤鉄工所提供）[1]†

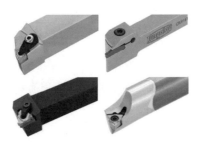
（c） 旋削用工具（タンガロイ社提供）

図2.2 旋削作業

準ずる形状の加工に利用され，以下の作業がある．
(1) 被削材円筒部の側面切削
(2) 被削材の円筒端面を仕上げる端面切削
(3) 被削材の円筒端面を穿孔する穴加工
(4) 前工程で端面に仕上げられた穴を広げる中ぐり切削
(5) 円筒側面に対して半径方向に工具を送って部品を切断する突っ切り切削
(6) 円筒側面にねじを加工するねじ切り
(7) 円筒側面の表面に周期的な凹凸を加工するローレット加工

近年では，工作機械の各軸の運動を数値制御して加工する **NC工作機械**（numerical control machine tool）が増えているが，NC旋盤では被削材の軸方向と

---

† 肩付き番号は巻末の引用・参考文献の番号を示す．

半径方向を同時に制御することで，被削材表面に円弧や曲面を有する形状も加工できる。円筒部品の加工では，工具が所定の切込みで被削材を切削するため，工具の先端部より除去された材料の一部，すなわち切りくずが生成される。工具が一定の切込みで削る場合，切りくずは連続的に生成されるが，被削材が偏心，または溝などを有する場合は，切削中に被削材を削らずに空転する時間が生じるために切りくずは分断される。前者は**連続切削**（continuous cutting），後者は**断続切削**（interrupted cutting）と呼ばれている。

図2.3は一般的な外周旋削であるが，単位時間当りに除去される被削材の体積 R_{vol} は，切込み d，被削材1回転当りの工具の送り量 f，切削点における被削材の外周速度 V によって近似的に次式で得られる。

$$R_{vol} = V \times d \times f \tag{2.1}$$

外周速度は被削材の回転速度 N で制御され，外周速度と回転数の関係は次式で与えられる[†1]。

$$V = N \times \pi \times D \tag{2.2}$$

ただし，D は被削材の直径である。工具に負荷する力は，主に，図に示す被削材と切れ刃の干渉領域に関係づけられるため，切込みや送りに依存する。

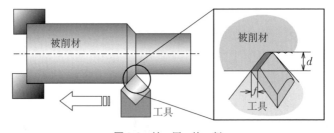

図2.3　外　周　旋　削

2.1.2　フライス・エンドミル切削

フライス切削（face milling）[†2]では，**図2.4**（a）のようにフライス盤で工具

[†1] 慣用的には外周速度は m/min，被削材の直径は mm 系で与えられるため，式 (2.2) は $V = N\pi D/1\,000$ で与えられる。

[†2] フライスの語源はオランダ語の fraise である。

2.1 切削加工法

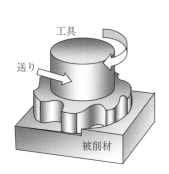

（a）正面フライス

（b）フライス盤（イワシタ提供）[2]

（c）正面フライス用工具（京セラ提供）[3]

図2.4 フライス切削

を回転させ，工具の回転面に対面している被削材表面を加工する。図（b）はフライス盤の例である。前述の旋削は被削材の回転と工具の並進運動の組合せによる切削様式であるが，フライス切削は工具を回転させ，被削材または工具回転軸の並進運動を組み合わせて材料を除去する。回転する工具は図（c）のように大径なものが多く，複数の切れ刃が装着されている。この切削作業は，一般的に工具の回転軸に対して垂直な面を削り，製品や部品の寸法に近い形状にする粗工程で実施される。そのため，単位時間当りにできるだけ多くの被削材を除去することが要求される。工具の送り速度は，後述のように切れ刃の数と関係づけられるが，工具に装着する切れ刃数を増やすことで生産性が向上す

る。

　図 2.5（a）は工具の側面に切れ刃を有し，これを回転させて被削材を削る側面切削である。さらに，工具の底にも切れ刃を付け，側面と底面を同時に切削する加工法が図（b）の**エンドミル切削**（milling）である。これもフライス切削と同様に複数の切れ刃を有する工具が回転し，溝や面を加工するが，工具の軌跡を制御しながら多種かつ複雑な形状が加工できる。工具の直径は加工部位に応じて小径から大径まで使用され，その形状も**図 2.6** のようにスクエアエンドミル，ラフィングエンドミル，ボールエンドミルなどがある。エンドミル切削は金型の製作などに適用されるため，生産性とともに仕上げの寸法・形状精度や粗さに対する要求が厳しい。

　フライスやエンドミルによる切削では，単位時間当りに除去される被削材の体積は，被削材に対する工具の軸方向と半径方向の切込みと工具の回転速度に

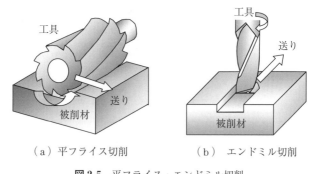

（a）平フライス切削　　　（b）エンドミル切削

図 2.5　平フライス・エンドミル切削

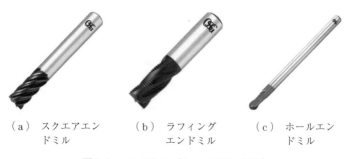

（a）スクエアエンドミル　　（b）ラフィングエンドミル　　（c）ボールエンドミル

図 2.6　エンドミル（オーエスジー提供）

2.1 切削加工法

よって制御される.図2.7は,工具軸の上方向から切れ刃の運動を示したものである.工具の回転と回転軸の並進を組み合わせた切れ刃の軌跡はトロコイド曲線となるが,工具1回転中に切れ刃は材料に対して食いつきと離脱を繰り返すため,切りくずは分断される.また,材料が除去される被削材と切れ刃の干渉領域は,切れ刃の回転に伴って変化するため,非定常な切削過程となる.

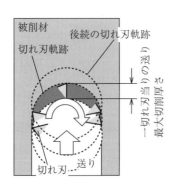

図2.7 エンドミル切削における切れ刃の運動

単位時間当りの工具軸の送り速度 f は,1回転当りの切れ刃の送りを f_z,工具の切れ刃数を Z,工具の回転数を N とすると,次式のように与えられる.

$$f = N \times f_z \times Z \tag{2.3}$$

したがって切れ刃数を増やすことで,単位時間当りの除去効率が向上する.また,直径 D で回転している切れ刃の切削速度 V は

$$V = N \times \pi \times D \tag{2.4}$$

スクエアエンドミルのように切れ刃の回転直径が切れ刃の高さ方向で変化しない工具であれば,切れ刃各点での切削速度は同じである.一方,工具の底刃が曲線となっているボールエンドミルなどのように切れ刃の高さに対して回転直径が異なる工具では,切れ刃の各点で切削速度が異なる.最近では,工具の回転軸の傾きを制御するNC工作機械もあり,工具姿勢を制御しながら適切な切削速度で切削できるようになっている.

図2.8は一般的なエンドミルを送り方向から見た図であるが,被削材の除去体積は,上述の工具の送り速度と切削速度の他に,1回の送りにおける工具軸方向の切込みと半径方向の切込みで与えられる.図2.9は工具の送りと切れ刃

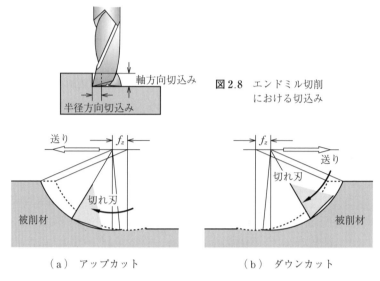

図 2.8 エンドミル切削における切込み

図 2.9 エンドミル切削様式

の回転によって被削材が除去される領域を，工具上方から見たものである。図 (a) は切れ刃が被削材に食いついてから切削する領域が増加する過程であり，**アップカット**（up-cutting）と呼ばれている。また，図 (b) は切削領域が減少し，切れ刃が被削材から抜ける**ダウンカット**（down-cutting）である。このように，工具の回転と送り方向の関係によって切削過程が異なるため，切削作業に対する要求仕様に応じて，工具の経路を選定する必要がある。

2.1.3 ドリル・リーマ・タップ切削

ドリル（drilling）切削では，**図 2.10**（a）のように回転する工具を工具軸方向に送り，被削材に穴をあける。産業製品の多くの部品組立てには，ねじを用いた機械的な結合が多いため，穴加工の需要はきわめて多く，工具も各種の穴径に応じて用意されている。ドリルによる穴加工は，例えば，図 (b) のボール盤や前項のフライス盤で実施される。ドリルの典型的な形状は，**図 2.11** のように中心部分の**チゼル**（chisel）と外周部分の**リップ**（lip）で構成されている。

チゼルは穴の進路を制御するものであり，この部分の切削過程は穴の直進性

2.1 切削加工法

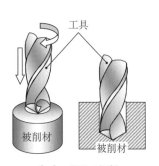

（a）ドリル切削　　　　（b）ボール盤（キラ・コーポレーション提供）

図2.10　ドリルによる穴加工

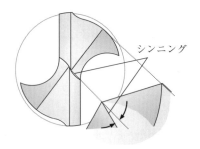

図2.11　ドリル形状　　　　図2.12　シンニング

に影響する。そこで切削性能を向上させるために，**図2.12**のようにチゼル部の切れ刃に傾きを付ける，**シンニング**（thinning）という成形処理がなされている場合が多い。

　リップは材料を除去し，切りくずを穴の外に排出させる切れ刃である。特に，小径の穴加工では，切りくずの排出が悪いと穴の中に切りくずが詰まるため，工具の折損につながる場合も少なくない。そのため，切りくずを誘導する観点から工具の溝部形状も重要となる。穴の仕上げ面を制御するのはリップの端部の切削性能である。これは穴の内面の仕上げ面品位だけでなく，穴の入口部や出口部のバリにも影響する。最近では，炭素繊維強化プラスチックの穴加工において，積層された炭素繊維の層が剥離することが問題となっているが，

リップ端部はこのような層間剥離にも影響する。したがって，穴の品質を維持するためには，リップ端部の切れ刃形状と損傷対策に対して十分な配慮が必要である。図 2.13 は，シンニングを有するチゼルとリップから生成した切りくずである。図のように，チゼルとリップは切れ刃の形状が大きく変化するため，異なる切りくずを生成する。

図 2.13 ドリル切削における切りくず生成

一般的なドリルによる貫通穴の切削では，図 2.14 のように工具の食いつき過程，材料内部の除去過程，穴出口部の工具の離脱過程で構成される。工具の食いつき過程では，材料に対してチゼルが食いつき，リップが侵入する過程であり，切削領域がドリルの送りとともに増加する非定常過程である。材料内部の除去過程では，チゼルとリップの切削領域が変化しない定常過程となる。工具の離脱過程では，切れ刃下部より材料から貫け，材料を除去している部分が工具の上方に移動しながら，切削領域が減少する非定常過程である。したがっ

（a）食いつき過程

（b）材料内部の除去過程

（c）離脱過程

図 2.14 ドリル切削による穿孔過程

2.1 切削加工法

て，ドリルの切削過程は，非定常と定常の切削過程[†]で構成される。

工具の軸方向の送り速度や切れ刃各点における切削速度は，式 (2.3) と式 (2.4) が適用できる。ただし，式 (2.3) において送り速度 f は，工具軸方向に対する単位時間当りの移動量である。また，ドリルの切れ刃は中心から外周まで回転直径が連続的に変化するため，切削速度 V は切れ刃各点の直径 D によって変化する。後述するが，切りくずの流れる速度は切削速度に依存するため，切りくずが流れる速度は切れ刃の各点によって異なる。その結果，一般的には切りくずは回転（カール）しながら生成する。

工具の回転と並進運動を組み合わせたドリル切削では，穴の内面には螺旋状の切削痕が残る。そのため，仕上げ面に要求される平滑性が厳しい場合は，図 2.15（a）のリーマ（reaming）による仕上げ加工が併用される。ドリルは工具側面が最外径より小さくなるように傾斜させたテーパ形状となっているが，リーマは円筒または紡錘形の形状であり，側面の切れ刃で穴内面を仕上げる。すなわち，ドリルの切れ刃は工具軸方向に切り込んで被削材を除去するが，リーマは主に側面の切れ刃によって工具の半径方向に切りくずを出して除去す

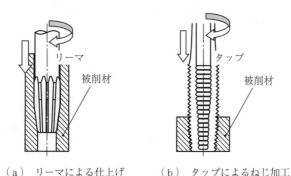

（a）リーマによる仕上げ　　（b）タップによるねじ加工

図 2.15　穴内面の仕上げ切削

[†] 定常とは，工具の送りまたは切削時間に対して，切削領域や切削力の変化がないことであり，非定常はそれらが変化することである。切込みが一定で軸方向に送られている旋削過程は定常であり，フライスやエンドミルのように工具の回転によって切削領域が変化するものは非定常である。ドリルの場合は，工具が材料に食いつく過程と貫ける過程が非定常であり，材料内部を切削している過程が定常である。

るか，表面を塑性変形させて穴の内面を平滑にする。

穴の内面にねじの山と谷を成形するためには，図（b）のようにねじの形状に応じたタップが使用される。**タップ**（tapping）は，図のように工具軸方向に半径の異なる山と谷の切れ刃を有しており，工具先端の山が低く，上方側に向かって山の高さが増加する。したがって，それぞれの切れ刃の山の高さの差が除去する被削材の体積と関係づけられる。すなわち，タップの切削工程は工具を回転させながら軸方向に 1 回送ることで，高さが変化する山の数に相当した切込み回数を与え，ねじの山と谷を仕上げる。

なお，リーマやタップには穿孔する機能はないため，いずれの加工法も前工程としてドリルによる穴加工が必要である。

2.1.4　平削り・形削り

材料の面加工としては，前述のフライス切削の他に，**平削り**（planing）と**形削り**（shaping）がある。平削りは**図 2.16** のように工具を固定して被削材を往復運動させるものであり，例えば図（b）のプレーナで実施される。平削りは工具をコラムに固定して被削材が運動するため，被削材の大きさによらず剛性が高いことから，大きな被削材を加工できる。一方，形削りは**図 2.17**（a）のように被削材を固定して工具を往復運動させるものである。形削りは工具を

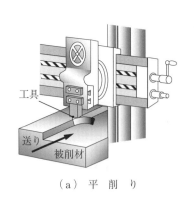

（a）平　削　り　　　　　（b）プレーナ（BOEHRINGER 製，田辺鉄工所提供）[5]

図 2.16　プレーナによる平面削り加工

2.1 切削加工法

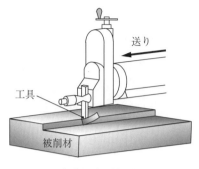 

（a）形削り　　　　　　（b）形削り盤（山梨大学機械工場提供）[6)]

図2.17　形削り加工

片持ちで固定しているために，機械剛性の観点から加工できる範囲は狭く，比較的小さな被削材を切削する。図（b）に形削り盤の例を示す。

いずれの加工法も，被削材または工具の直線的な運動によって材料を除去するため，単純な形状の加工に適用される。また，切削速度が摺動速度に依存するため，前述の旋削，エンドミル，ドリル加工に比べて高速で切削できない。

2.1.5　ブローチ切削

被削材内部に複雑形状の断面を有する貫通穴や溝を加工する様式として，**図2.18（a）のブローチ**（broaching）切削がある。工具には図（b）のように最終的な仕上げ形状に基づいて複数の切れ刃が成形されており，送り方向に対して切れ刃の高さが徐々に高くなっている。そして，工具を低い切れ刃側から被削材に食い込ませ，それぞれの切れ刃は高さの増加分に相当する切込みを与えて材料を除去し，最終的な形状を得る。したがって，工具を軸方向に対して，1回の送りで高さの異なる切れ刃の数に相当する切込みを与える工程となる。そのため，ブローチ盤として，図（c）のように，工具移動量の大きなストロークを有する加工機が使用される。

また，ブローチ切削は軸方向に送りながら，工具または被削材を少しずつ回転させ，ねじれた断面形状を加工することも可能である。このような加工は，

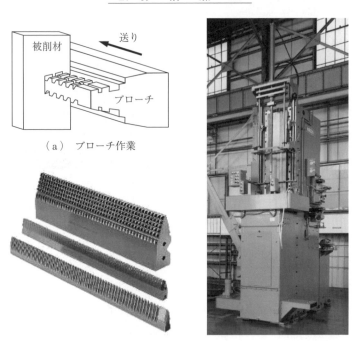

(a) ブローチ作業

(b) ブローチ（三菱重工提供）　　（c）ブローチ盤（不二越提供）

図2.18　ブローチ切削

ヘリカルギヤの製造に適用されている。

　ブローチ切削においては，切れ刃の高さの差は各切れ刃にかかる負荷に影響する。また，それぞれの切れ刃の間隔（ピッチ）と切れ刃の形状は，切りくずの排出性を制御している。切りくずの排出性が悪いと，切削中に切りくずが詰まり，切れ刃を損傷させることになるため，これらの形状設計には十分な配慮が必要である。

2.1.6　歯車切削

　歯車は機械要素部品としては不可欠であり，動力の伝達効率や歯車の振動や騒音を踏まえると，その加工には高い精度が要求される。そのため，歯車切削様式には**図2.19**のように多くの方法があり，それぞれの仕様や用途に応じて適用されている。図（a）は**ラックカッタ**（rack cutter）による**ギヤ切削**（gear

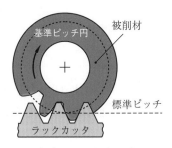

(a) ラックカッタ

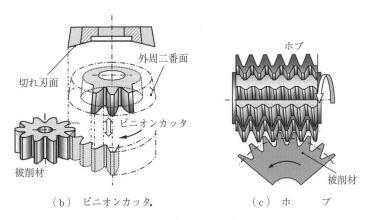

(b) ピニオンカッタ   (c) ホ ブ

図 2.19 歯切り切削

machining）であり，工具は図の紙面に対して垂直方向に往復運動をしながらゆっくりと回転し，これと接触しながら回転する被削材の円筒面に歯形を成形する．図（b）は**ピニオンカッタ**（pinion cutter）が上下運動しながら回転し，接触する被削材に歯車形状を成形する．ラックカッタやピニオンカッタによる歯車加工では，工具の1回の送りにおいては，切削領域の変化がない定常切削過程である．図（c）は**ホブ**（hob）による歯車の切削である．工具の円筒側面には成形する歯車形状に応じて切れ刃が付いており，工具の回転と被削材の回転によって歯車が加工される．この加工では，工具の回転と並進運動を組み合わせて材料を除去するため，フライスやエンドミル切削のように切れ刃の回転とともに切削厚さが変化する非定常過程となる．

2.2 切削メカニズムと切削力

2.2.1 切削現象

切削作業で加工される製品や部品の仕上りは，加工精度，仕上げ面粗さ，加工変質層によって評価され，これらは切削条件，工具の材質と形状によって制御される。**図 2.20** は，切削現象と加工の仕上りの関係を示したものである。切削では材料を除去するための力，すなわち**切削力**（cutting force）が発生する。材料を削ると，材料の変形に伴う熱や，工具と切りくずの間の接触面で摩擦熱が発生する。すなわち，切削における力学的なエネルギーが消費される位置で発熱が生じ，工具，切りくず，被削材の温度を上昇させる。

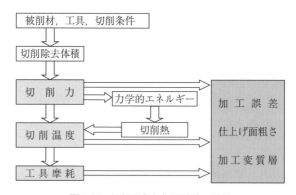

図 2.20 切削現象と加工品位の関係

一方，切削時間が長くなると切れ刃が擦り減って切れ味が低下する。切れ刃の擦り減る現象は**摩耗**（tool wear）と呼ばれているが，これは工具と被削材が接触する界面の応力と温度に依存する。すなわち，上述の切削力と切削熱は摩耗の進行と関連づけられる。そして，切削過程における力学的および熱的な現象は切れ刃の摩耗とともに変化し，それが製品や部品の仕上りに影響する。例えば，切削力が増加すると工具や被削材の変形が大きくなり，加工誤差やそれらの振動によって仕上げ面が悪化する。また，切削熱によって工具や被削材の温度が上昇することで熱変形が生じ，加工精度の制御が難しくなる。一方，工

具摩耗によって所定の切込みが与えられなくなるため，加工誤差が生じる。さらに，これらの力学的・熱的影響は仕上げ面表層部の材質の変化や残留応力にも影響する。

このように，製品や部品加工に要求される精度や仕上げ面は切削過程における切削力，切削温度，工具摩耗に依存する。以下では，これらの理論的な背景を解説し，加工精度，仕上げ面粗さ，加工変質層と関連づける。

2.2.2 切削メカニズム

2.1節で述べたように，切削作業には多くの様式があるが，ここでは基礎的な機構を示すために，**図2.21**のような切削を対象とする。この切削では，工具の直線切れ刃を切削方向に対して直角に配置し，その切れ刃が被削材に対して所定の厚さで切り込んだ状態で運動することで，被削材の一部を除去して切りくずを生成する。切れ刃の移動（送り）によって削り取る厚さを**切削厚さ**ま

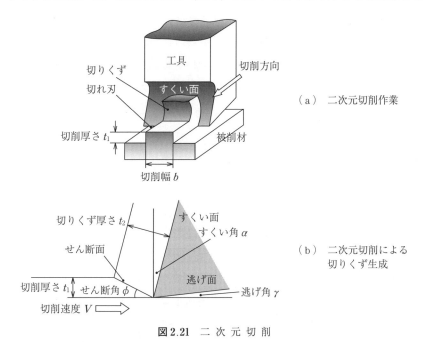

図2.21　二 次 元 切 削

たは切込みと呼び，その幅を**切削幅**（cutting width）と呼ぶ。また，単位時間当りに切れ刃または被削材が移動する距離が**切削速度**（cutting speed または cutting velocity）である。すなわち，切削厚さを t_1，切削幅を b，切削速度を V とすると，切れ刃が単位時間当りに除去する材料の体積 R_{vol} は次式である。

$$R_{vol} = V \times t_1 \times b \tag{2.5}$$

　この切削様式を，切削方向を含む面内で示すと図2.21（b）のようになる。この図における工具，被削材，切りくずは，図（a）の切削幅方向（紙面に対して垂直方向）のどの断面をとっても同じであり，材料の変形はこの平面内で生じる平面ひずみ状態となっている。したがって，このような切削様式を**二次元切削**（orthogonal cutting）と呼んでいる。図の切削様式は理想的な場合を示したものであり，実際の切削では，図（a）の側面，すなわち材料が幅方向に広がる。

　図2.21（b）において，切削に関与する工具の面は，切りくずを生成しこれと接触する**すくい面**（rake face），被削材側の仕上げ面に対して傾いた**逃げ面**（flank face）がある。**すくい角**（rake angle）は，仕上げ面の法線方向に対するすくい面の傾きであり，図では切削方向に対して右側に傾けると正のすくい角，左側に傾けると負のすくい角として与えられる。**逃げ角**（clearance angle）は，仕上げ面に対して逃げ面がなす角度で与えられる。

　切削では，工具の切れ刃先端部において，被削材が切りくずとして除去される領域と仕上げ面として残る領域に分離され，切れ刃先端部から被削材の自由面側に傾斜した領域でせん断変形が生じて切りくずが生成される。すなわち，材料の分離とせん断変形によって，材料の一部を除去している。

　材料の分離に関する特性は切れ刃先端部の形状に依存するが，実際の切れ刃は丸みを有しており，丸みの大きな切れ刃で切削すると，これに要する力が大きくなる。一方，せん断変形が生じている領域を**せん断域**（shear zone）と呼んでいる。すなわち，材料はせん断域を通過することで切りくずとなるが，切削ではせん断域の幅が小さい。

2.2 切削メカニズムと切削力

ここでは議論を簡単にするため，図2.21（b）のように切れ刃の丸みを無視した鋭利な切れ刃を有する工具での切削を対象とし，せん断変形が生じる領域を面，すなわち**せん断面**（shear plane）として扱い，切削機構をモデル化する。

せん断変形前の切削厚さ t_1 の材料は，せん断面を通過してせん断変形を受けた後に厚さ t_2 の切りくずとなる。ここで，せん断面が切削方向に対してなす角度が**せん断角**（shear angle）である。そこで，切れ刃のすくい角を α とすると，せん断角 ϕ は以下の式で与えられる。

$$\tan\phi = \frac{(t_1/t_2)\cos\alpha}{1-(t_1/t_2)\sin\alpha} = \frac{r_c\cos\alpha}{1-r_c\sin\alpha} \tag{2.6}$$

ここで r_c は次式であり，**切削比**（cutting ratio）と呼ばれている。

$$r_c = \frac{t_1}{t_2} \tag{2.7}$$

通常の切削では，切りくず厚さ t_2 は切削厚さ t_1 より大きくなるため，切削比は1より小さい。

切削後に切りくず厚さ t_2 を測定すれば，式（2.6）によってせん断角 ϕ を推定でき，**図2.22**（a）の切削モデルができる。なお，前述のように，実際のせん断変形は微小幅 Δy を有するせん断域で生じている。いま，せん断域内における変形を図（b）のように考える。すなわち，本来であれば点Dに移動する点Aの材料要素が，工具が介在するために Δs でせん断変形し，工具面上の点D′に移動する。このときの**せん断ひずみ**（shear strain）γ_s は，次式で与えられる。

$$\gamma_s = \frac{\Delta s}{\Delta y} = \frac{DD'}{AH} = \frac{DH}{AH} + \frac{HD'}{AH} = \cot\phi + \tan(\phi-\alpha) = \frac{\cos\alpha}{\sin\phi\cos(\phi-\alpha)} \tag{2.8}$$

また，金属材料は変形後の体積が一定であるから，切削速度 V，切りくず速度 V_c，せん断速度 V_s の関係は，図（c）のように閉じた三角形となる。そこで，せん断角 ϕ と切削速度 V から，次式によって**切りくず速度**（chip flow

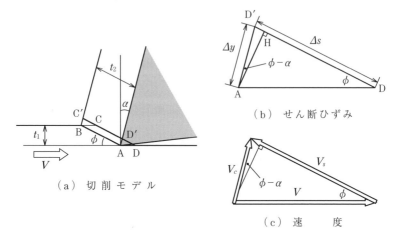

図 2.22 二次元切削モデル

velocity）V_c を推定できる。

$$V_c = \frac{\sin\phi}{\cos(\phi-\alpha)} V = r_c V \tag{2.9}$$

前述のように，切削比 r_c は 1 より小さいため，式 (2.9) より，切りくず速度は切削速度より小さくなる。一方，**せん断速度**（shear velocity）V_s は次式で与えられる。

$$V_s = V_c \sin(\phi-\alpha) + V\cos\phi = \frac{\cos\alpha}{\cos(\phi-\alpha)} V \tag{2.10}$$

さらに，**せん断ひずみ速度**（shear strain rate）は次式で与えられる。

$$\gamma_s = \frac{\Delta s}{\Delta y \Delta t} = \frac{V_s}{\Delta y} \tag{2.11}$$

切削の場合，せん断域の幅 Δy が非常に小さいため，せん断ひずみ速度がきわめて高い。

2.2.3 切りくず生成

切りくずは，**図 2.23** のように被削材の材質によって，その形態が異なる。**連続型切りくず**（continuous chip または flow type chip）は，炭素鋼などの延

2.2 切削メカニズムと切削力

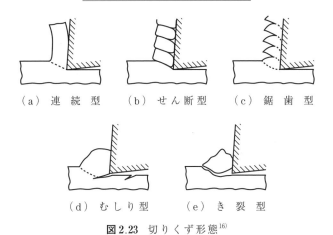

図2.23 切りくず形態[16]

性の高い材料の切削で生成する。安定した切りくず生成状態†となるため切削中の振動が少なく，加工後の仕上げ面が良好である。しかし，旋削のような連続切削においては，切りくずが長くつながり工具や被削材に絡み付く場合もある。この場合，切りくずが材料表面を擦過して仕上げ面を悪化させる。そのため，強制的に切りくずを工具や材料側に曲げて折るように，工具の表面の切りくずが接触する領域に溝などを有するチップブレーカが使用されている。

せん断型切りくず（shear type chip）は，比較的脆い金属，例えば鋳鉄やアルミ鋳物などの切削で発生する。切りくずは，一定の間隔でせん断変形域にき裂が入って分離する。周期的な分離により切削時に振動を誘発することもあるが，連続型切りくずのように切りくずが絡むことはない。

鋸歯型切りくず（serrated chip または saw-tooth type chip）は，チタン合金，ニッケル基耐熱超合金などの熱伝導率の低い材料の切削で生じる。詳細は 2.3.1 項で説明するが，せん断変形域でせん断変形に要する力学的エネルギーが熱になり，その領域で熱が発生する。熱伝導率が低い材料では発生した熱が周囲に拡散しないため，せん断域の温度が局所的に高くなる。その結果，その領域における材料の変形抵抗が急激に下がり，大きなせん断すべりが生じる。

---

† ここで述べている安定した切りくずとは，ほぼ一様な厚さの切りくずが連続的に生成されていることを示す。

これを繰り返すことにより，切りくずが鋸歯状となる。

むしり型切りくず（tear type chip）は，切りくずと工具のすくい面の摩擦が大きく，切りくずの排出性が悪い材料，例えば，銅やゴムなどの材料を切削する場合に生ずる。切りくずがすくい面上を円滑に流れないために切込みが安定せず，仕上げ面が悪くなる。切りくず内部の工具のすくい面近傍には，工具と切りくずの摩擦に起因する塑性変形を伴いながら切りくずが生成される。これは**二次塑性域**（secondary shear zone）と呼ばれているが，工具面での摩擦係数の大きな材料ではこの領域が広がり，切りくずの流れが悪い。このような材料の切削作業では，工具面の潤滑性を向上させるために切削油を切削点に供給したり，工具のすくい角を変更することで，切りくず生成状態を改善する。

き裂型切りくず（crack type chip）は，ガラスやセラミックなどの硬脆性材料の切削で生成する。せん断域での変形はなく，切れ刃先端から被削材自由面側にき裂が伝播して材料が除去される。き裂の発生と進展を繰り返すこの切りくず生成過程では，切削時に振動が誘発され，仕上げ面が悪い。ただし，切込みをきわめて小さくすることで，前述のような連続型切りくずを生成することがある。このような状態を**延性モード**（ductile mode）と呼び，き裂の発生による材料除去を**脆性モード**（brittle mode）と呼んでいる。

2.2.4 構　成　刃　先

被削材によっては，切れ刃先端部において**図2.24**のような付着物が生成する。このような付着物は被削材と同じ材質であるが，この硬度が高くなると，

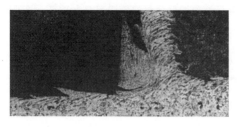

被削材：焼結鋼（0.4%C）
工　具：超硬L10種，すくい角：−5°
掘削幅：3 mm，切込み：0.1 mm/rev,
掘削速度：60 m/min

図2.24　構　成　刃　先[16]

あたかも切れ刃のように作用する場合がある[7]。これを**構成刃先**（built-up edge）と呼んでいる。例えば、鉄鋼は高温になるに従って引張り強さや弾性限度が低下し、伸びや絞りが増加するが、表面が酸化着色する温度の200～300℃付近で引張り強さや硬さが増加し、伸びが減少して脆くなる性質がある。このような現象は**青熱脆性**（blue brittleness または blue shortness）と呼ばれており、構成刃先の発生と関連づけられている。

構成刃先によって切れ刃の摩耗を抑制することが期待できるが、構成刃先が安定して切れ刃に付着している状況は少なく、**図 2.25** のように発生、成長、分離、脱落の過程を繰り返す。そのため、構成刃先の発生によって切込みが安定しない。また、構成刃先の脱落時の振動や脱落した付着物が仕上げ面に残る。その結果、構成刃先は仕上げ面粗さを悪化させるため、通常の切削作業では、構成刃先が発生しない切削状態となるように配慮される。すなわち、材料の温度特性の観点から、切れ刃近傍の材料の温度が300℃以上になるように切削条件を設定する。詳細は後述するが、例えば、切削速度を上げることによって、構成刃先の生成が抑制できる。一方、付着抑制の観点から、潤滑性の高い切削油剤を使用したり、被削材との親和性が低い工具材質を使用する。さらに付着強度を下げるために、切れ刃の形状、例えば、すくい角を大きくして刃先の応力を下げるようにする。

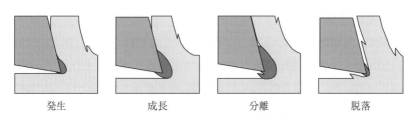

発生　　　　成長　　　　分離　　　　脱落

図 2.25 構成刃先の生成・脱落過程

2.2.5 切　削　力

二次元切削を旋盤で実施するためには、例えば、**図 2.26** のように円盤形状の被削材に対して、被削面と平行な切れ刃を有する工具を被削材の半径方向に

2. 切削加工

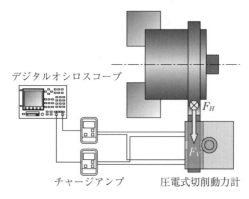

図 2.26 構成刃先の生成・脱落過程

送って切削する[†1]。このとき，円盤の幅が切削幅 b，1 回転当りの工具の送りが切削厚さ t_1，被削材外周の接線方向の速度（周速）が切削速度 V であり，この試験で生成した切りくず厚さが t_2 となる。工具のすくい角を用いて式 (2.6) によりせん断角 ϕ が得られる。また，切削力は図のような水晶圧電素子を使用した**切削動力計**（piezoelectric dynamometer）を用いて測定する[†2]。この測定装置は，切削力によって工具がマイクロメートルからサブマイクロメートルスケールで変位すると圧電素子の電荷が変化し，この変化をチャージアンプによって電圧に変換し，デジタルオシロスコープのような記憶装置に保存する。そして，電圧と荷重との関係に基づいて切削力を推定する。この切削試験では，図のように圧電式切削動力計により，被削材の接線方向の力 F_H と半径方向の力 F_T を測定する。

測定された切削分力は，二次元切削において**図 2.27** のように関連づけられる。すなわち，被削材の接線方向の F_H は切削方向の力で**主分力**（principal force）と呼ばれ，半径方向の F_V は主分力に対して垂直方向の力として**背分力**

[†1] 被削材の回転数が一定の場合は，被削材の直径の変化に対して切削速度が変わる。最近では，NC 工作機械の機能の一つである周速一定の制御によって，切れ刃の直径値の変化に対して回転数を変化させ，切削速度が一定となる切削試験が可能である。

[†2] 力の測定で古くから一般的に適用されている方法には，ひずみゲージによる測定法がある。切削の場合もひずみゲージを使用して切削抵抗を測定することは可能であるが，測定感度を高めるためには，工具保持系を変位しやすい状況にする必要がある。このような測定系においては，切削中に切れ刃の傾き，すなわちすくい角が変わることもあるため，現在では，工具の保持剛性が高くても測定可能な圧電式切削動力計が多用されている。

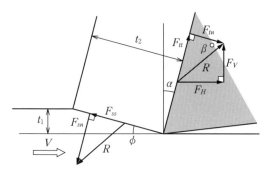

図 2.27　二次元切削の切削力

(thrust force) と呼ばれる。これらの合力が切削力 (resultant cutting force) R である。工具側に負荷する切削力として測定された力は，せん断面には逆向きに働いており，幾何学的な関係から，次式のようにせん断面上のせん断力 F_{ss} と垂直力 F_{sn} に分解できる。

$$\left.\begin{array}{l}F_{ss}=F_H\cos\phi-F_V\sin\phi\\ F_{sn}=F_H\sin\phi+F_V\cos\phi\end{array}\right\} \quad (2.12)$$

なお，せん断面の面積 A_s は，切削幅 b，切削厚さ t_1，せん断角 ϕ によって次式で与えられる。

$$A_s=\frac{bt_1}{\sin\phi} \quad (2.13)$$

したがって，せん断面に働くせん断応力 τ_s と垂直応力 σ_s は

$$\left.\begin{array}{l}\tau_s=\dfrac{F_{ss}}{A_s}=\dfrac{\left(F_H\cos\phi-F_V\sin\phi\right)\sin\phi}{bt_1}\\ \sigma_s=\dfrac{F_{sn}}{A_s}=\dfrac{\left(F_H\sin\phi+F_V\cos\phi\right)\sin\phi}{bt_1}\end{array}\right\} \quad (2.14)$$

一方，切れ刃のすくい面に働く力について，切削力 R はすくい面に平行に働く成分 F_{tt} と垂直に働く成分 F_{tn} に分解でき，次式で与えられる。

$$\left.\begin{array}{l}F_{tt}=F_H\sin\alpha+F_V\cos\alpha\\ F_{tn}=F_H\cos\alpha-F_V\sin\alpha\end{array}\right\} \quad (2.15)$$

したがって，工具面の**摩擦係数**（friction coefficient）μ，または**摩擦角**（friction angle）β は

$$\mu = \tan\beta = \frac{F_{tt}}{F_{tn}} = \frac{F_V + F_H\tan\alpha}{F_H - F_V\tan\alpha} \tag{2.16}$$

二次元切削モデルにおける力学的な特性は，式 (2.6)，(2.14)，(2.16) の，それぞれせん断角 ϕ，**せん断面せん断応力**（shear stress on shear plane）τ_s，摩擦角 β で与えられる。これまでの議論は，切削試験によって切削モデルを推定していたが，せん断角，せん断面せん断応力，摩擦角が事前にデータベースとして用意されていれば，次式のように切削力 R を推定できる。

$$R = \frac{\tau_s b t_1}{\sin\phi\cos(\phi + \beta - \alpha)} \tag{2.17}$$

また，これに基づいて，主分力 F_H および背分力 F_T は次式で与えられる。

$$\left.\begin{array}{l} F_H = \dfrac{\tau_s b t_1\cos(\beta - \alpha)}{\sin\phi\cos(\phi + \beta - \alpha)} \\[3mm] F_V = \dfrac{\tau_s b t_1\sin(\beta - \alpha)}{\sin\phi\cos(\phi + \beta - \alpha)} \end{array}\right\} \tag{2.18}$$

ここで，せん断面せん断応力は切削条件による変化はあるものの，一般には材料の変形特性に大きく依存し，この値が大きいほど材料の変形抵抗が高く，切削力が大きくなる。一方，摩擦角 β は切りくずと工具の界面における摩擦特性を示すものであり，工具表面の材料[†]と被削材との親和性などの影響を受ける。これを踏まえれば，せん断面せん断応力 τ_s は材料試験によって，摩擦角 β は摩擦試験によって，切削試験を実施しなくてもある程度の精度で推定できる。

一方，せん断角の推定については多くのモデルが提案されている。例えば，M.E. Merchant は，最大せん断応力がせん断面内に生じるとしてせん断角を導

[†] 最近は表面に硬質材料や低摩擦材料を蒸着したコーテッド工具が使用されている。これらの工具は，表面の材質が母材と異なるため，「工具表面の材料」という表現にしている。

出している[8][†]。せん断面せん断応力は

$$\tau_s = \frac{F_s}{A_s} = \frac{R\cos(\phi+\beta-\alpha)\sin\phi}{bt_1} \tag{2.19}$$

摩擦角 β がせん断角 ϕ と独立であるとして，最大せん断応力に対応するせん断角は，式 (2.19) をせん断角 ϕ について微分した次式を0として得る．

$$\frac{d\tau_s}{d\phi} = \frac{R}{bt_1}\{\cos(\phi+\beta-\alpha)\cos\phi - \sin(\phi+\beta-\alpha)\sin\phi\} = 0 \tag{2.20}$$

したがって，せん断角は摩擦角 β とすくい角 α によって，次式で与えられる．

$$\phi = \frac{\pi}{4} + \frac{\alpha}{2} - \frac{\beta}{2} \tag{2.21}$$

式 (2.21) より明らかなように，すくい角が小さく，摩擦角が大きいほど，せん断角が下がる．

図 2.28 は式 (2.21) と実測の特性とを比較したものであるが，両者には差がある．Merchant は，この差は，式 (2.17) におけるせん断面せん断応力が材料のせん断降伏応力だけに依存する定数であることを仮定していたためである，と考えた．そこで内部摩擦説に基づき，せん断面せん断応力がせん断面上に働

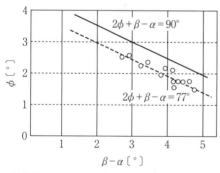

被削材：NE9445鋼，工具：超硬，すくい角 $-10°\sim+10°$，切込み：$0.028\sim0.2$ mm，切削速度：$59\sim359$ m/min，乾式

図 2.28 切削方程式と測定値の比較

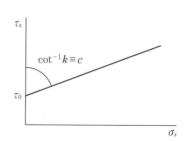

図 2.29 せん断面せん断応力

[†] 切削抵抗が最も小さくなる方向にせん断面が生じると仮定して，式 (2.17) をせん断角 ϕ について微分し，$\partial R/\partial\phi=0$ としても同様の結果が得られる．

く垂直応力にも依存するものとして，せん断角を導いた。すなわち，**図 2.29**のように，せん断面せん断応力 τ_s はせん断面垂直応力 σ_s とともに増加するものとして，次式で与える。

$$\tau_s = \tau_0 + k_\tau \sigma_s \tag{2.22}$$

ただし，τ_0 は $\sigma_s = 0$ のときのせん断応力であり，k_τ は定数である。一方，σ_s は次式のように τ_s と関係づけられる。

$$\frac{\sigma_s}{\tau_s} = \frac{F_{ns}}{F_s} = \tan(\phi + \beta - \alpha) \tag{2.23}$$

式 (2.23) を式 (2.22) に代入し，τ_s は次式で与えられる。

$$\tau_s = \frac{\tau_0}{1 - k_\tau \tan(\phi + \beta - \alpha)} \tag{2.24}$$

したがって，せん断面の垂直応力を考慮した切削力は，式 (2.17) に基づいて，次式で与えられる。

$$R = \frac{\tau_0 b t_1}{\{1 - k \tan(\phi + \beta - \alpha)\} \sin\phi \cos(\phi + \beta - \alpha)} \tag{2.25}$$

この式について $\partial R / \partial\phi = 0$ として，せん断角 ϕ は次式で得られる。

$$\phi = \frac{\cot^{-1} k_\tau}{2} + \frac{\alpha}{2} - \frac{\beta}{2} \tag{2.26}$$

この関係は，式 (2.21) における第 1 項が $\pi/4$ である必要はないことを許しており，図 2.28 では式 (2.26) の $\cot^{-1} k_\tau$ が 77° であることを示している。しかしながら，この式がすべての切削作業に適用できないため，その他にも多くのモデルが提案されている。最近では，有限要素法による切削シミュレーション[9]によって，切りくずの生成過程を塑性力学的に解析し，せん断角を数値解析で推定できるようになった。

2.2.6 切削力の変化

二次元切削のパラメータとしては，切削厚さ，切削速度，工具のすくい角，工具材質であり，それらによって切削力は変化する。

2.2 切削メカニズムと切削力

　図2.30はすくい角と切削力の関係を示したものであり，すくい角の増加とともに切削力が下がる。したがって，小さい切削力で加工するためには，すくい角を大きくするのが望ましい。しかし，図によれば20°以上のすくい角で背分力が負となる。正の背分力は工具を押し上げる方向に働き，負のそれは引き込む方向に働くから，すくい角が過大になると工具が材料に引き込まれ，実質の切込みが所定のそれより大きくなることがある。また，すくい角を大きくすると切れ刃強度が低下し，切削中に切れ刃が欠損する。したがって，工具のすくい角は，これらを考慮して適切に設定しなければならない。

　図2.31は切削速度に対する切削力の変化である。切削速度の増加により，せん断角が高くなり切削力が減少する。切削速度の増加は，被削材の変形抵抗

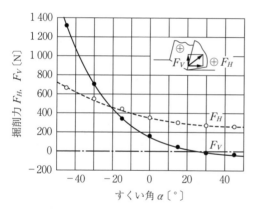

被削材：4-6黄銅，工具：高速度鋼，
切込み：0.1 mm，切削速度：0.8 m/min，
乾式切削

図2.30 すくい角に対する切削力の変化（臼井）[16]

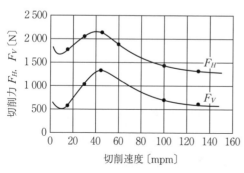

被削材：0.08%C 炭素鋼，
工具：高速度鋼（10, 0, 5, 5, 0, 0, 0.13），
切込み：2.54 mm，送り：0.3 mm/rev，
乾式切削

図2.31 切削速度に対する切削力の変化（臼井）[16]

の変化にも影響する。単位時間当りの切削エネルギー U は，主分力 F_H と切削速度 V によって，次式で与えられる。

$$U = F_H V \tag{2.27}$$

したがって，切削速度 V が増加すれば，切削エネルギーが大きくなる。この力学的エネルギーは，切りくず生成におけるせん断仕事と，工具と切りくずとの摩擦仕事に消費され，被削材の変形域や工具面での発熱エネルギーになる。そのため，切削速度の増加とともに変形域の温度が上昇し，被削材の変形抵抗が下がる。

一方，切削速度の低い領域でも切削力が下がる。これは，切れ刃の先端に付着した構成刃先に起因する。図 2.32 のように切れ刃に構成刃先が付着すると，実質のすくい角は，本来の工具のすくい角より大きくなる。前述のように，すくい角が増加すれば切削力は減少するため，構成刃先による実質のすくい角の増加は切削力を低下させることになる。

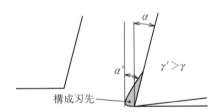

図 2.32　構成刃先による実質のすくい角の変化

切込みに対する切削力の変化は，図 2.33 のようになる。切削力は近似的に切りくずを受ける面積と関連づけられる。切りくずを受ける面積 A は，切込み t_1 と切削幅 b の積であり，単位面積当りに負荷する切削力を p_s とすると，切削力 F は次式で与えられる。

$$F = p_s A = p_s b t_1 \tag{2.28}$$

p_s は**比切削抵抗**（specific cutting force）と呼ばれている。このような切込みに比例する切削力の線形的な特性は，切込みが比較的大きい場合に適用できる。しかし，微小切込み領域の p_s は，図 2.34 のように変化して大きな値となる。このように微小切込みで比切削抵抗が大きくなるのは，材料の寸法効果による

2.2 切削メカニズムと切削力

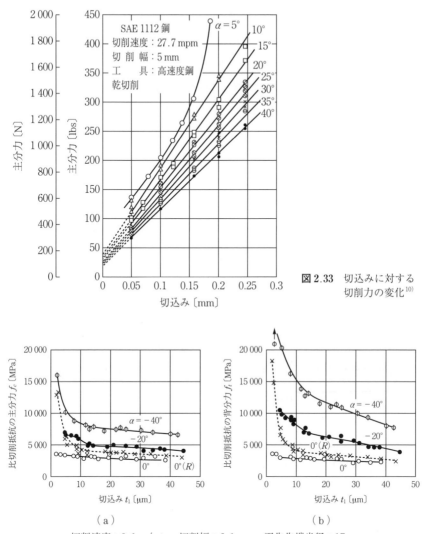

図 2.33 切込みに対する切削力の変化[10]

切削速度：0.1 m/min，切削幅：6.1 mm，刃先先端半径：17 μm

図 2.34 比 切 削 抵 抗[11]

変形抵抗の変化，切れ刃先端の丸みによる実質のすくい角の減少，切れ刃先端部近傍の材料の塑性流れによる**圧壊力**（indentation force）[12]† に起因する。

---

† 圧壊力は，切れ刃が材料に切込みを与えるための押込み力である。

切削厚さの小さい微細切削の場合，切りくず生成は**図 2.35** のようなモードがある[13]。工具が材料に対して切込み t_1 を与えても，それが**最小切取り厚さ**（minimum chip thickness）の t_m より小さいと，材料は弾性変形するだけで切りくずは生成されない。切込みが最小切取り厚さ程度になると，切りくずが生成されるが，依然として材料の弾性変形も大きく，所定の切込みが与えられない。切込みが最小切取り厚さよりも大きくなると，仕上げ面の弾性回復が減り，切りくず生成によって材料が除去される。

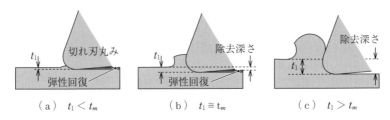

図 2.35　微細切削における変形モード

図 2.21（b）の切削モデルでは，理想的に鋭利な切れ刃を仮定しているが，実際の切れ刃の先端は丸みを有している。**図 2.36** に示すように，切込みが切れ刃の丸みよりもはるかに大きい場合，工具のすくい面で切りくずを受け，すくい角によって切削力を制御している。しかし，切込みが小さくなり切れ刃丸みと同等かそれ以下になると，切りくずは切れ刃丸みの部分で生成することになり，この領域におけるすくい角は大きな負のすくい角となる。前述のようにすくい角が小さくなると切削力が大きくなるが，切込みの小さいところでは実質のすくい角が減少するため，比切削抵抗が増大する。

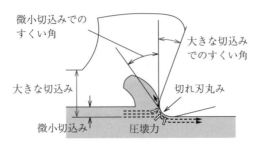

図 2.36　微細切削における切れ刃丸みの影響

2.2 切削メカニズムと切削力

最小切取り厚さは，切れ刃の丸みと材料特性に依存する。**図2.37**は切れ刃丸みの曲率半径が$2\,\mu m$の工具で炭素鋼を切削したときの切込みと切削力の関係を示したものである[14]。切込みの増加とともに，切りくずを生成しない状態から切りくずを生成する状態に遷移するが，このときに背分力に大きな変化が観測される。図では鋼系の材料は最小切取り厚さは切れ刃丸みの$0.2 \sim 0.3$倍程度である。

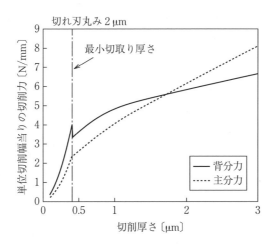

図2.37　微細切削における切削力の変化

マイクロメートルオーダーの微細切削では，切りくず生成に要する力に対して，切れ刃先端部の材料の塑性流れによる圧壊力が相対的に大きくなるため，切削力は近似的に次式のように表される。

$$F = p_b \cdot b + p_s \cdot b \cdot t_1 \tag{2.29}$$

bとt_1はそれぞれ切削幅と切削厚さであり，p_bは単位切れ刃当りに負荷する圧壊力，p_sはすくい面の単位面積当りに負荷する切りくず生成力である。ここで切込みが大きい場合，第2項は第1項に比べて大きくなるため，近似的に式(2.28)の関係を得る。切込みの減少とともに第2項が小さくなって，相対的に第1項が大きくなる。

工具材質に関しては，被削材との**親和性**（affinity）が切削力に影響する。切

削時において，切りくずの裏面は材料が分離された直後の新創成面であり，その表面は活性化された状態となっている．また，工具面の温度も高くなると，その状態はさらに促進される．そのため，切りくずと工具の界面における相互作用によって摩擦係数が高くなる．この相互作用は，工具と切りくずの構成元素に依存する．すなわち，それぞれが同じまたは類似の構成元素を有していると親和性が高くなって摩擦力が増加し，その結果，背分力が大きくなる．また，工具の摩耗も著しくなり，工具として長時間使用できない．例えば，鉄（Fe）と炭素（C）の合金である鋼をダイヤモンド工具で削れないのは，両者が炭素（C）を有しているからである．工具と被削材の親和性を下げるため，通常は工具の表面に別の元素で構成された薄膜を蒸着している．

2.2.7 旋削における切削力

図 2.38（a）は，最も典型的な旋削作業（「外周旋削」と呼ばれる）である．図の作業は被削材を左側のチャックで保持して回転させ，工具に対しては被削

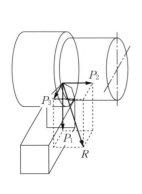
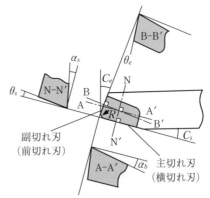

P_1：主分力，P_2：送り分力
P_3：背分力，R：合力

α_b：平行上すくい角　　θ_e：前逃げ角
α_s：垂直横すくい角　　θ_s：横逃げ角
C_e：前切れ刃角　　　　C_s：横切れ刃角
R：コーナ（ノーズ）半径
上記の形状は $(\alpha_b, \alpha_s, \theta_e, \theta_s, C_e, C_s, R)$ として略記される

（a）外周旋削　　　　　　（b）旋削用工具の形状

図 2.38　外周旋削作業と工具

材の半径方向に切込みを与えて被削材の軸方向に送って側面を切削し，所定の直径の丸棒を仕上げる．旋削で用いられる工具は，図（b）†のように副切れ刃（前切れ刃）と主切れ刃（横切れ刃）を有し，材料は両方の切れ刃で同時に切削されるため，図2.21のように単純な変形様式にならず，**図2.39**のような切りくず生成過程となる．すなわち，切削方向を含む面内で見たときの工具，切りくず，被削材の幾何学的関係は，切込み，すなわち切削幅方向によって異なることから3次元的な変形様式になる．

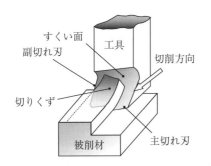

図2.39 三次元切削の切りくず生成

このような作業において，工具に対して切削力は図2.38（a）のRで示された方向に負荷する．これを送り，切込み，さらには工具形状が切削力に及ぼす影響と関係づけるために，一般に被削材の回転方向，半径方向，軸方向に負荷する成分に分解され，それぞれも主分力，背分力，**送り分力**（feed force）と呼んでいる．

このような三次元切削は二次元切削のようなモデル化が容易でないため，切削力は簡易的に切削面積に基づいて次式で見積もっている．

$$F = p_s \cdot A \tag{2.30}$$

ここで，Aは切削面積であり，旋削では切込みと送りから計算される．p_sは単位面積当りの切削力，すなわち比切削抵抗である．M. Kronenbergは，この比切削抵抗を次式のように示している[15]．

---

† JIS B0170にて別の形状定義がある．本書，後述の三次元解析における工具形状との対応のため，図2.38（b）は切れ刃基準方式で記している．

$$p_s = \frac{c_K}{\sqrt[{}^\varepsilon K]{A}} \tag{2.31}$$

ただし，c_K と $^\varepsilon K$ は定数であり，材料，工具，切削条件の組合せによって与えられる。式 (2.30) と式 (2.31) では切削力を切削面積と関係づけているが，切込み d と送り f のそれぞれの影響を考慮し，以下のように切削力を計算することもできる。

$$F = c d^m f^n \tag{2.32}$$

この場合，切削面積が $A = df$ であることを踏まえれば，比切削抵抗は次式で示される[16]。

$$p_s = \frac{c}{d^{1-m} f^{1-n}} \tag{2.33}$$

　上記の切削力の式には，工具形状のパラメータが含まれていない。例えば，図 2.30 のように，すくい角によって切削力が変化する。また，旋削における工具では図 2.38 (b) のように形状パラメータも多く，それらが切削力に影響する。そこで，**表 2.1** のように工具形状を考慮した比切削抵抗の式も提案されている[17]。ここでは，炭素鋼のように流れ型の切りくずを生成する材料については，材料引張り強さ σ_z〔MPa〕を用い，鋳鉄のような不連続型の切りくずを生成する材料ではブリネル硬さ H_B を用いて切削力を推定している。ただし，δ は切削角で（90°―すくい角）として与えられ，κ は取付角として（90°―横切れ刃角）で与えられる。また，$n = d/f$，R はコーナ半径〔mm〕，A は切削面積〔mm²〕である。

　旋削では削り始めの被削材が 1 周する間は切削面積が増加するため，切削力

表 2.1　比切削抵抗式

コーナ半径	炭素鋼	鋳鉄
$R = 0$	$p_s = 230\left(\dfrac{\sigma_z}{588}\right)^{0.5}\left(\dfrac{\delta}{76}\right)^{0.66}\left(\dfrac{60}{\kappa}\right)^{0.2}\left(\dfrac{n}{5}\right)^{0.12}\cdot\dfrac{1}{A^{0.1}}$	$p_s = 120\left(\dfrac{H_B}{160}\right)^{1.2}\left(\dfrac{\delta}{82}\right)^{0.9}\left(\dfrac{60}{\kappa}\right)^{0.17}\left(\dfrac{n}{5}\right)^{0.13}\cdot\dfrac{1}{A^{0.15}}$
$R > 0$	$p_s = 230\left(\dfrac{\sigma_z}{588}\right)^{0.5}\left(\dfrac{\delta}{60}\right)^{0.66}\left(\dfrac{R}{1.74}\right)^{0.1}\left(\dfrac{n}{5}\right)^{0.07}\cdot\dfrac{1}{A^{0.15}}$	$p_s = 120\left(\dfrac{H_B}{160}\right)^{1.2}\left(\dfrac{\delta}{82}\right)^{0.9}\left(\dfrac{R}{1.74}\right)^{0.1}\left(\dfrac{n}{5}\right)^{0.08}\cdot\dfrac{1}{A^{0.2}}$

が徐々に増える。その後，切込みや送りが変化しなければ，定常的な切削過程となり，上述の式に基づき切削力が得られる。

2.2.8 フライス・エンドミルにおける切削力

フライスやエンドミルによる切削では，工具は回転と送りを組み合わせた運動によって材料を除去するため，切れ刃の回転角とともに切削面積が変化する。すなわち，切れ刃の回転角に対して，切削力の大きさと工具に負荷する切削力の方向が変化する非定常過程である。図 2.40（a）は 2 枚の切れ刃を有するエンドミルで溝を加工する作業において，工具が 1 回転する間の切削力の変化を示したものである。ここでは，工具に対して図（b）に示す方向に負荷する切削分力で示している。

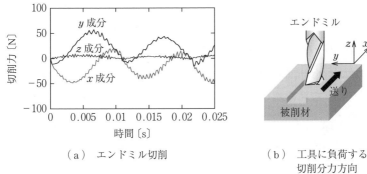

（a） エンドミル切削　　　　（b） 工具に負荷する
　　　　　　　　　　　　　　　　切削分力方向

図 2.40　エンドミル切削における切削分力

図 2.7 で示したように，切削厚さは材料に切れ刃が食いつく時点では，切削厚さは小さく切削力も低い。その後，切れ刃の回転とともにアップカット側では切削厚さとともに切削力が増加し，ダウンカット側では減少する。一方，フライスやエンドミルの切削では，底刃と側刃が同時に材料を除去するため，切りくずは図 2.41 のように流れる[†]。そのため，切削力は図のように工具の回転

[†] 図は一般的なエンドミル形状について示したものである。フライスやエンドミルには多くの形状があるため，切れ刃の形状に応じて切りくずの流れる方向も変化する。

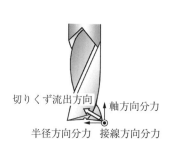 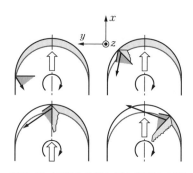

図2.41 切りくず流出方向と分力　　図2.42 回転する切れ刃と切削力方向

における接線方向と半径方向，工具の軸方向の成分に分解できる。ここで，工具の軸方向の切削力成分は図2.40のz成分として測定されており，切削面積に応じて変化している。また，半径方向と接線方向成分は，図2.40のx成分およびy成分として測定されている。これらの変化については，二次元切削における切削力の方向からも説明できる。二次元切削において工具に負荷する切削力は図2.27の方向に負荷するため，これに基づいて回転する切れ刃に負荷する切削力を示すと**図2.42**のようになり，図2.40のx，y成分の変化となる。

フライスやエンドミルには工具の軸方向に切れ刃が傾斜しているものが多い。例えば，エンドミルは図2.6のように切れ刃がねじれているため，切れ刃の高さ方向に回転角度が異なる。そのため，上述の議論を切れ刃の高さ方向のそれぞれの切削点に適用すれば切削力を推定できる。

いま，切れ刃を**図2.43**のように有限個の微小な領域に分割し，それぞれの領域に負荷する切削力を考える[18]。2.2.6項で述べたように切削力を考えると，工具の回転方向に対する接線方向成分dF_tと半径方向成分dF_r，および工具の軸方向に負荷する軸方向成分dF_aは，微小領域の切れ刃の長さdSと切削面積dAに対して次式で与えられる。

$$\left.\begin{aligned} dF_t &= p_{te}dS + p_{ts}dA \\ dF_r &= p_{re}dS + p_{rs}dA \\ dF_a &= p_{ae}dS + p_{as}dA \end{aligned}\right\} \quad (2.34)$$

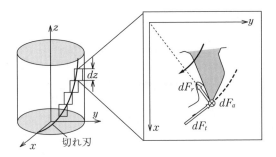

図 2.43 エンドミルの切削力モデル

ただし，p_{te}, p_{re}, p_{ae} は，それぞれ単位切れ刃長さ当りに接線，半径，軸方向に負荷する圧壊力（押込み力）であり，p_{ts}, p_{rs}, p_{as} はすくい面における単位面積当りに負荷する切りくず生成力である．そこで，各微小領域の高さと回転角に応じて dS と dA を幾何学的に計算し，それぞれの領域における dF_t, dF_r, dF_a を式 (2.34) で得る．これの総和をとることで，工具全体に負荷する切削力が推定できる．

2.2.9 ドリルにおける切削力

ドリルの切削において，切れ刃が材料に対して食いつく過程は切削領域が増加する非定常過程であり，切れ刃が材料内部を除去する過程では切削領域が変化しない定常過程である．また，切れ刃が材料から貫ける過程では，切削領域が上方に移動して減少する非定常過程である．多くのドリルの形状は，図 2.11 のように先端部に角度を有し，被削材に対して凸の形状になっている．そのため，切りくずは軸方向と半径方向の速度成分をもって流れる．したがって，前項のように切れ刃に負荷する切削力は，工具の回転における接線方向および半径方向と，工具の軸方向の成分に分解できる．ただし，切れ刃の半径方向成分は相殺され，切れ刃の回転における接線方向の成分は回転半径に基づいて**トルク**（torque）として評価される．一方，工具の軸方向の成分は，**スラスト**（thrust）として評価される．

ドリル切削における切削力は**図 2.44** のように変化する．ドリルの切れ刃は

2. 切削加工

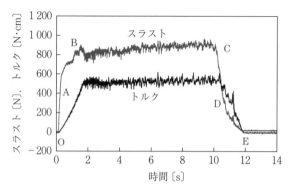

被削材：炭素鋼，工具：超硬合金工具

図 2.44 ドリルの切削力

チゼルとリップで構成されているため，切削力はそれぞれの切削領域によって，以下のように変化する．

(1) O-A：チゼル部が材料に食いつき，スラストが急激に立ち上がる過程．
(2) A-B：リップ部が材料に侵入し，切削領域の変化とともにスラストとトルクが徐々に増加する過程．
(3) B-C：チゼル部とリップ部が材料内部にあって切削領域の変化がなく，スラストとトルクが一定となる過程．
(4) C-D：チゼル部が材料から貫けて，スラストが急激に下がる過程．
(5) D-E：リップ部が材料から貫けて，切削力が徐々に下がる過程．

ドリルの切削力の変化も，切れ刃を微小に分割して前項の式 (2.34) を適用すれば，切削力の解析が可能である．ただし，切れ刃のすくい角は，切れ刃の各点で変化するため，式 (2.34) のそれぞれの係数をすくい角の関数として与えることで精度の高い推定が可能となる．

2.2.10 切削力の解析的予測手法

比切削抵抗は，工具の形状や切削条件によって変化するため，そのデータベースの構築や修正には多くの切削試験が必要となる．そこで，できるかぎり少ない試験で多くの作業に対応できる切削力モデルも提案されている[19]．以下

2.2 切削メカニズムと切削力

では，旋削の場合について，その概略を述べる。

旋削における切りくず生成過程は**図2.45**(a)のようになる。なお，旋削用の工具は，通常，横切れ刃角 C_s を有しているが，図は切れ刃を基準とするために C_s だけ回転させ，主切れ刃が水平面にある座標系で示している。そのため，工具の送りと切込みも同座標系に変換されるため，図のようにそれぞれを t_1 と b で示す。この切りくず生成について，切削方向と切りくず流出方向を含む一つの面内に注目すると，二次元切削の機構が適用できる。すなわち，3次元の切りくず生成過程を，切削速度と切りくず速度を含む面内における二次元切削を切れ刃の稜線に沿って重ね合わせたものとして考える。ただし，それぞれの切れ刃の位置における二次元切削には相対的なすべりがなく，切りくずが一体で流れるものとする。

二次元切削における切削モデルは，例えば，図2.26の二次元切削試験で得られ，次式によって与えられる。

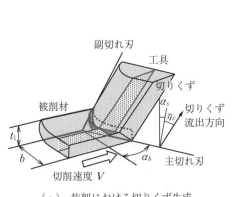
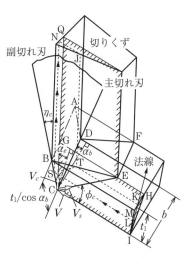

(a) 旋削における切りくず生成　　(b) 切りくず生成機構の二次元切削モデル

図2.45 旋削における切削力の解析モデル

$$\left.\begin{array}{l} \phi = F(\alpha, V, t_1) \\ \tau_s = G(\alpha, V, t_1) \\ \beta = H(\alpha, V, t_1) \end{array}\right\} \tag{2.35}$$

ただし，ϕ, τ_s, β は，それぞれせん断角，せん断面せん断応力，摩擦角であり，これらはすくい角 α，切削速度 V，切削厚さ t_1 で，それぞれ特性に応じた関数 F, G, H で関連づけられる。

図 2.45 (b) は，切りくず流れにおける二次元切削モデルを示したものである。簡単のため，この図には，工具先端のコーナ（ノーズ）半径がないものとして表示している。切りくず流出角度 η_c を仮定すると，切れ刃上のある点における二次元切削モデルのすくい角 α_e は次式で与えられる。

$$\alpha_e = \sin^{-1}(\sin\alpha_s \cos\alpha_b \cos\eta_c + \sin\eta_c \sin\alpha_b) \tag{2.36}$$

ただし，α_s と α_b は垂直横すくい角と平行上すくい角である。したがって，すくい角 α_e に対し，式 (2.35) により二次元切削モデルの ϕ_e, τ_s, β が得られる。

このような切りくず生成について，せん断面におけるせん断仕事 U_s は，せん断速度 V_s とせん断面せん断応力 τ_s によって次式で与えられる。

$$U_s = \tau_s V_s A_s = \tau_s \frac{\cos\alpha_e}{\cos(\phi_e - \alpha_e)} V A_s \tag{2.37}$$

ただし，A_s は図 2.45 (b) における BCE と CEFD のせん断面の面積である。一方，すくい面上の摩擦仕事 U_f は，切りくず速度 V_c と摩擦力 F_t によって次式で得られる。

$$U_f = F_t V_c = F_t \frac{\sin\phi_e}{\cos(\phi_e - \alpha_e)} V \tag{2.38}$$

ただし，摩擦力 F_t は t_1 と b に対して，次式で与えられる。

$$F_t = \frac{\tau_s \sin\beta}{\sin\phi_e \cos(\phi_e + \beta - \alpha_e)} \frac{\cos\alpha_e}{\cos\alpha_b \cos\alpha_s} t_1 b \tag{2.39}$$

切削動力 U がせん断面におけるせん断仕事とすくい面上の摩擦仕事に消費されるものとすれば，U は次式のようになる。

2.2 切削メカニズムと切削力

$$U = U_s + U_f = J(\eta_c, \alpha_b, \alpha_s, b, t_1, V) \tag{2.40}$$

式 (2.40) において α_s, α_b, b, t_1, V は工具形状と切削条件であるから，切削動力 U は切りくず流出角 η_c を変数とする関数 J である．そこで，実際の切りくずは切削動力 U を最小とする方向に流れるものとして η_c を得る．

切削動力は主分力 $(F_p)_{C_s}{}^\dagger$ と切削速度 V の積として次式の関係となる．

$$U = U_s + U_f = (F_p)_{C_s} V \tag{2.41}$$

したがって，切削動力が最小となる切りくず生成モデルにおいて，主分力 $(F_p)_{C_s}$ は次式で与えられる．

$$(F_p)_{C_s} = \frac{\tau_s \cos \alpha_e}{\cos(\phi_e - \alpha_e)} \left[A_s + \frac{b t_1 \sin \beta}{\cos(\phi_e + \beta - \alpha_e) \cos \alpha_b \cos \alpha_s} \right] \tag{2.42}$$

図 2.46 は，工具すくい面上に負荷する切削力の幾何学的関係を示したものである．これに基づき，工具すくい面上の垂直力 N_t は次式で与えられる．

$$N_t = \frac{(F_p)_{C_s} - F_t \sin \alpha_e}{\cos \alpha_s \cos \alpha_b} \tag{2.43}$$

これに基づいて，送り方向と切込み方向の成分は，幾何学的に次式で得る．

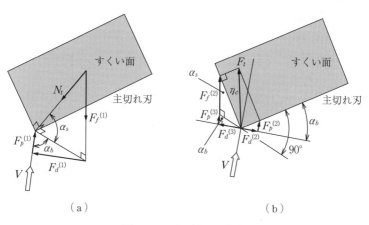

図 2.46　工具面上の切削力

---

† 添字 C_s は，図 2.45 において，横切れ刃角 C_s だけ回転した座標系における切削分力として扱っている．

$$\left.\begin{aligned}(F_f)_{Cs} &= -N_t \sin\alpha_s + F_t \cos\eta_c \cos\alpha_s \\ (F_d)_{Cs} &= -N_t \cos\alpha_s \sin\alpha_b + F_t \sin\eta_c \cos\alpha_b - F_t \cos\eta_c \sin\alpha_s \sin\alpha_b\end{aligned}\right\} \quad (2.44)$$

したがって，横切れ刃角 C_s を有する工具で旋削した場合の主分力 F_p，送り分力 F_f，背分力 F_d は次式となる。

$$\left.\begin{aligned}F_p &= (F_p)_{C_s} \\ F_f &= (F_f)_{C_s} \cos C_s - (F_d)_{C_s} \sin C_s \\ F_d &= (F_d)_{C_s} \cos C_s + (F_f)_{C_s} \sin C_s\end{aligned}\right\} \quad (2.45)$$

図 2.47 は，この方法で解析した切削力と実測とを比較したものであり，予測値が実際の切削力とほぼ一致していることがわかる[20]。この解析手法の特徴は，切削三分力とともに切りくず流出方向を予測できることである。近年では，環境負荷を低減するために切削液を使用せず，乾式または切削油を霧状にして加工点に供給する作業もある。このような場合，切削液による切りくずの誘導は不可能であり，切削条件と工具形状によって切りくずの流れを制御しなければならない。このような観点から，この解析手法は切削条件の設定や工具形状の設計に利用できる。

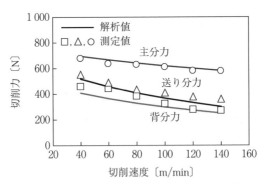

図 2.47　切削力解析と測定値の比較

2.2.11 工具面の応力分布

工具のすくい面上の応力分布は，**図2.48**に示す**工具分割法**（split tool method）[21),22)]によって測定できる。この方法は，前切れ刃と後切れ刃に分割された工具で同時に切削し，それぞれの切れ刃に負荷する切削力を独立に測定する。まず，前切れ刃と後切れ刃における切りくず接触領域を図（a）のように分割して，垂直力 N_{f1}，N_{r1} と摩擦力 F_{f1}，F_{r1} を測定する。つぎに，接触領域を図（b）のように変更し，垂直力 N_{f2}，N_{r2} と摩擦力 F_{f2}，F_{r2} を得る。この場合，前切れ刃の接触領域は図（a）より小さくなるため $N_{f1} > N_{f2}$，$F_{f1} > F_{f2}$ であり，後切れ刃のそれは増えるため，$N_{r1} < N_{r2}$，$F_{r1} < F_{r2}$ となる。それぞれの差は接触領域の変化 ΔA_c と関連づけられるため，その位置における垂直応力 σ_t と摩擦応力 τ_t は次式で推定できる。

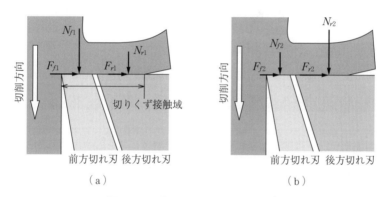

図2.48 分割工具による応力分布測定

$$\left.\begin{array}{l} \sigma_t = \dfrac{N_{f1} - N_{f2}}{\Delta A_c} = \dfrac{N_{r2} - N_{r1}}{\Delta A_c} \\[2mm] \tau_t = \dfrac{F_{f1} - F_{f2}}{\Delta A_c} = \dfrac{F_{r2} - F_{r1}}{\Delta A_c} \end{array}\right\} \tag{2.46}$$

この測定を繰り返すことにより，工具面上の各点における応力を得る。**図2.49**は工具面上の応力分布の概略である。図のように，工具面上の垂直応力は指数分布，摩擦応力は台形分布となる。ただし，切れ刃先端部の摩擦応力が

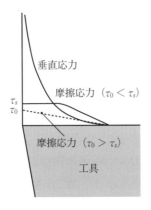

図2.49 すくい面上の応力分布

最大せん断応力以下となる場合は，三角形分布となる。

2.3 切削温度

2.3.1 切削エネルギーと切削熱

切削により被削材が変形し切りくずとなる**切削動力**（cutting power）は，切削方向に働く主分力 F_H と切削速度 V によって，次式で示される。

$$U = F_H \times V \tag{2.47}$$

この切削動力は，以下のエネルギーとして消費される[23]。

(1) せん断面におけるせん断エネルギー
(2) すくい面上の摩擦エネルギー
(3) 逃げ面摩耗がある場合の摩耗痕上の摩擦エネルギー
(4) せん断域を通過する材料の運動量変化による運動エネルギー
(5) 切りくず裏面と仕上げ面の新創成面における表面エネルギー
(6) 切りくずおよび仕上げ面の残留ひずみエネルギー

切削エネルギーのほとんどは，(1)から(3)の塑性仕事と摩擦仕事に消費され，消費されたエネルギーに応じて，**図2.50**に示すようにせん断面，すくい面および逃げ面で切削熱が発生し，工具，切りくず，被削材の温度が変化する。

2.3 切削温度

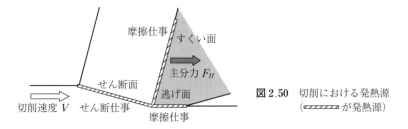

図 2.50 切削における発熱源（▨ が発熱源）

切削熱により被削材および工具の温度が上昇すれば，それらが熱膨張する。その結果，加工精度が低下し，表層部には熱応力や残留応力が生じる。また，工具表面の温度上昇は，次節で述べる工具摩耗の進行を促進させる。このように，切削温度の上昇は製品の仕上りや工具の使用期間（工具寿命）に影響する。

2.3.2 切削温度の測定

切削温度（cutting temperature）の測定は古くから多くの方法が考えられているが，それらは，測定部にセンサを取り付けて計測する接触型の直接的方法と，測定部を非接触で測定する間接的方法がある。

図 2.51 は代表的な切削温度の測定方法である。図（a）は**熱電対**（thermocouple）を用いた切削温度測定法である。熱電対は異種金属の接合界面における温度上昇を測定するが，図では工具と被削材が熱電対を構成し，両者の接触点，すなわち切削領域における温度上昇を測定する。この方法では切削領域全体の平均的な温度上昇を測定する。

工具面における温度分布も熱電対によって測定できる[24]。図（b）は切削温度分布測定用の工具である。これは工具内部に，切りくずと接触して熱電対を形成するための白金線を埋め込んでいる。ただし，導電性のある工具材料内部では，例えば石英管に熱電対を通して設置する。この方法では，工具すくい面に露出した白金線の位置における温度上昇を測定できる。したがって，その接触点の位置をずらしながら測定を繰り返すことにより，工具面の切削温度分布が測定できる。

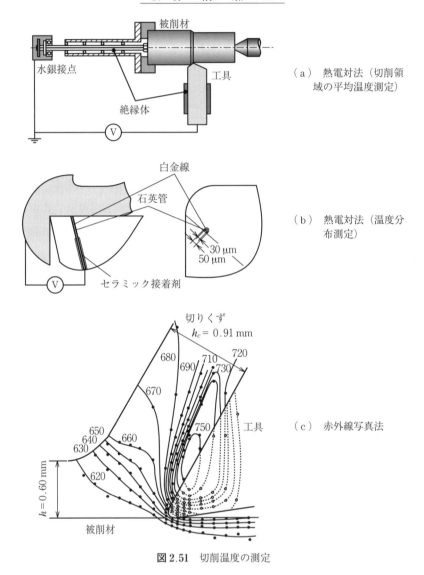

図 2.51 切削温度の測定

間接的方法としては，図 (c) のように**赤外線写真**（infrared photography）によって温度を推定した例がある[26]。また，**放射温度計**（radiation thermometer）を使用して非接触で温度変化を測定することもできる。最近は放射温度計の進歩により，高い空間分解能で温度分布の計測ができるようになってい

る。これらの方法は，工具および被削材の表面の温度を計測するものであるため，工具と切りくずが接触している切削領域内部の温度は，それより高くなる。

2.3.3 切削温度の解析

ここでは図 2.52 に示す二次元切削について，E.G. Loewen, M.C. Shaw による解析方法[26)]を説明する。図では，切削速度 V，切削幅 b，切込み t_1 で，切りくずはせん断角 ϕ で傾いたせん断面における変形で生成する。切れ刃の逃げ面に摩耗がなく鋭利な場合，切削による発熱源はせん断面と工具すくい面の切りくず接触領域となる。前述のように切削動力のほとんどは塑性仕事と摩擦仕事で消費されることを踏まえ，力学的エネルギーのすべてが熱エネルギーに変換すると仮定すると，せん断面における発熱強さはせん断仕事に基づいて与えられ，すくい面のそれは摩擦仕事によって与えられる。

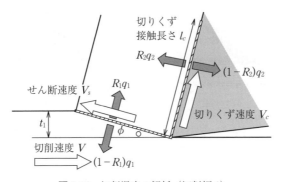

図 2.52 切削温度の解析（切削幅 b）

このモデルにおいて，せん断面における単位時間，単位面積当りの発熱強さ q_1 は次式で与えられる。

$$q_1 = \frac{F_{ss}V_s}{Jbt_1\operatorname{cosec}\phi} \tag{2.48}$$

ただし，J は熱の仕事当量である。また，F_{ss} はせん断面におけるせん断力，V_s はせん断速度であり，それぞれは式 (2.12) と式 (2.10) で与えられる。こ

のせん断面における発熱の一部が切りくずに伝わり，他は被削材に伝わる．そこで，切りくずに伝わる熱流入割合を R_1 とすれば，被削材への流入割合は $1-R_1$ として与えられる．切りくず側に伝わる熱からせん断面の温度 $\bar{\theta}_s$ を推定すると，

$$\bar{\theta}_s = R_1 q_1 \frac{t_1 b \operatorname{cosec} \phi}{V t_1 b \rho_w c_w} + \theta_0 \tag{2.49}$$

ただし，θ_0 は室温，c_w は θ_0 と $\bar{\theta}_s$ 間の平均比熱で，ρ_w は被削材の密度である．

一方，J.C. Jaeger の**移動熱源**（moving heat source）の伝熱理論式[27]を用い，被削材側に伝わる熱に基づいて，せん断面の温度を推定できる．この理論式は**図 2.53**（a）のモデルに対して，熱源と接触する面の平均温度 $\bar{\theta}$ と最高温度 $\theta_{\max}$ を与えるものである．すなわち，幅 $2l$，単位時間で単位面積当りの発熱強度 q の帯状熱源が速度 V で移動するとき，それぞれは次式で与えられる．

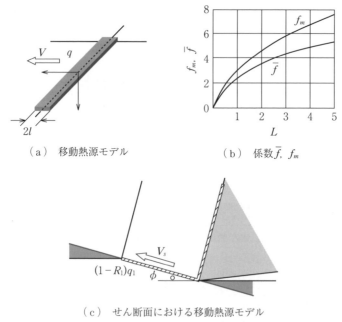

（a） 移動熱源モデル　　（b） 係数 $\bar{f}, f_m$

（c） せん断面における移動熱源モデル

図 2.53　せん断面の温度解析

$$L > 5 \qquad \left. \begin{aligned} \bar{\theta} &= \frac{4}{3\sqrt{\pi}} \frac{ql}{k\sqrt{L}} = 0.752 \frac{ql}{k\sqrt{L}} \\ \theta_{\max} &= \frac{2}{\sqrt{\pi}} \frac{ql}{k\sqrt{L}} = 1.128 \frac{ql}{k\sqrt{L}} = 1.5\bar{\theta} \end{aligned} \right\}$$

$$0.1 < L < 5 \qquad \left. \begin{aligned} \bar{\theta} &= \frac{2}{\pi} \frac{Kq}{kV} \bar{f} = 0.636 \frac{Kq}{kV} \bar{f} \\ \theta_{\max} &= \frac{2}{\pi} \frac{Kq}{kV} f_m = \frac{f_m}{\bar{f}} \bar{\theta} \end{aligned} \right\} \tag{2.50}$$

$$K = \frac{k}{\rho c}, \qquad L = \frac{Vl}{2K}$$

$\bar{f}$ と f_m は図 (b) で与えられる係数であり, k, ρ, c は熱源と接触する材料の熱伝導率, 密度, 比熱である。ただし, 通常の切削条件では $L > 5$ が成立する。

ここで図 2.52 の二次元切削について, 図 (c) のようにせん断面の長さ $t_1 \operatorname{cosec}\phi$ に相当する幅の帯状熱源が速度 V_s で, せん断角 ϕ で傾いた面上を移動するものと考えて式 (2.50) を適用すると, せん断面下側の材料の平均温度 $\bar{\theta}_s$ は次式で与えられる。

$$\bar{\theta}_s = \frac{0.752(1 - R_1) q_1 t_1 \operatorname{cosec}\phi}{2 k_w \sqrt{L_1}} + \theta_0,$$

$$L_1 = \frac{V_s t_1 \operatorname{cosec}\phi}{4K_1}, \qquad K_1 = \frac{k_w}{\rho_w c_w} \tag{2.51}$$

ただし, k_w, ρ_w, c_w は $\bar{\theta}_s$ における被削材の熱伝導率, 密度, 比熱である。式 (2.49) と式 (2.51) によって得られる温度はせん断面の平均温度であり, 両者を等値して次式で熱流入割合 R_1 を得る。

$$R_1 = \frac{1}{1 + \dfrac{0.664\gamma_c}{\sqrt{L_1}}} = \frac{1}{1 + 1.328\sqrt{\dfrac{K_1\gamma_c}{Vt_1}}}, \qquad \gamma_c = \frac{V_s}{V\sin\phi} \tag{2.52}$$

得られた R_1 を式 (2.49) または式 (2.51) に代入することで, せん断面の温度を得る。なお, 熱物性値は温度によって変化するため, 上述の解析は, せん断

面の温度を仮定して式 (2.49) と式 (2.51) で平均温度を計算し，仮定した温度と計算値が一致するまでの温度の修正を繰り返す。

つぎに，工具すくい面の摩擦による発熱強さ q_2 を次式で得る。

$$q_2 = \frac{F_{tt} V_c}{J l_c b} \tag{2.53}$$

ただし，l_c は切りくず接触長さである。また，F_{tt} と V_c は工具面の摩擦力と切りくず速度であり，それぞれは式 (2.15) と式 (2.9) で与えられる。せん断面における温度解析と同様に，摩擦仕事に相当する発熱のうち，切りくず側に流入する割合を R_2，工具側に流入する割合を $1-R_2$ とする。

切りくずのすくい面側の温度は，せん断面の発熱によって温度上昇した切りくずが摩擦仕事によってさらに温度上昇するため，せん断面の温度 $\overline{\theta}_s$ と摩擦仕事による温度上昇の和として得られる。ここで，摩擦仕事によって切りくず側に伝わる熱は，切りくず接触長さ l_c に相当する幅の帯状熱源が速度 V_c で移動するものとし，式 (2.50) の Jaeger の移動熱源の理論式を適用する。以上により，すくい面の温度 $\overline{\theta}_t$ は次式で得られる。

$$\overline{\theta}_t = \overline{\theta}_s + \frac{0.752 R_2 q_2 l_c}{2 k_c \sqrt{L_2}},$$

$$L_2 = \frac{V_c l_c}{4 K_2}, \qquad K_2 = \frac{k_c}{\rho_c c_c} \tag{2.54}$$

ただし，k_c，ρ_c，c_c は，温度 $\overline{\theta}_t$ における切りくず内の，それぞれ熱伝導率，密度，比熱である。

一方，工具側に伝わる熱からすくい面上の温度を推定する場合，熱源は幅 b，長さ l_c の熱源による**静止熱源**（stationary heat source）として理論式を適用し，すくい面の温度を得る。Jaeger の静止熱源の伝熱理論式によれば，**図 2.54** (a) のように長さ $2l$，幅 $2m$ の熱源で，単位時間で単位面積当りの熱源の強さを q，熱源と接触している材料の熱伝導率を k とすると，材料の平均温度 $\overline{\theta}$ と最高温度 $\theta_{\max}$ は，次式で与えられる。

2.3 切削温度

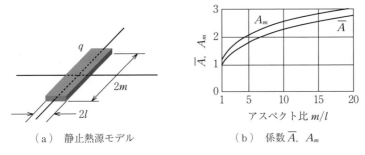

(a) 静止熱源モデル　　　　(b) 係数 $\overline{A}, A_m$

図2.54　工具すくい面の温度解析

$$\left.\begin{array}{l}\overline{\theta} = \dfrac{ql}{k}\overline{A} \\[6pt] \theta_{\max} = \dfrac{ql}{k}A_m\end{array}\right\} \quad (2.55)$$

ただし，$\overline{A}$ と A_m は熱源のアスペクト比 m/l について図(b)で与えられる係数である。

すなわち，切削幅 b と切りくず接触長さ l_c の二次元切削に関しては，$b/2l_c$ に対する $\overline{A}$ を図(b)より得て[†]，工具面上の温度 $\overline{\theta}_t$ を次式で得る。

$$\overline{\theta}_t = \dfrac{(1-R_2)q_2 l_c}{k_t}\overline{A} + \theta_0 \quad (2.56)$$

ただし，k_t は温度 $\overline{\theta}_t$ における工具の熱伝導率である。式(2.54)と式(2.56)によって得られる温度はすくい面の平均温度であるため，両者を等値し次式で熱流入割合 R_2 を得る。

$$R_2 = \dfrac{q_2 \dfrac{l_c \overline{A}}{k_t} - \overline{\theta}_s + \theta_0}{q_2 \dfrac{l_c \overline{A}}{k_t} + q_2 \dfrac{0.376 l_c}{k_c \sqrt{L_2}}} \quad (2.57)$$

得られた R_2 を式(2.54)または式(2.56)に代入し，すくい面の温度を得る。切りくずや工具の熱物性値は温度に依存するため，前述のせん断面の解析と同様に反復計算により温度を決定する。

[†] 旋削の場合は，図(a)において1/4モデルとなるため，b/l_c に対する $\overline{A}$ を用いる。

上述の温度解析はせん断面とすくい面の平均温度を得るものであるが，熱源を微小な領域に分割して同様の解析をすることも可能である．**図 2.55** は B.T. Chao, K.J. Trigger の解析結果の一例である[28),29)]．図（a）はすくい面上の切りくずと工具の接触域における温度分布であり，図（b）は逃げ面摩耗を有する場合の摩耗痕上の温度分布である．また，図（c）は工具表面の温度分布を理

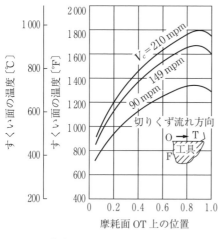
（a）すくい面の温度分布

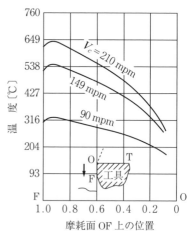
（b）逃げ面摩耗痕上の温度分布

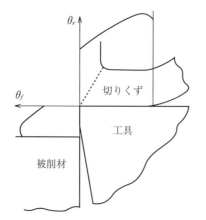

被削材：AISI4142 鋼，焼なまし，
工具：超硬合金 P 種（0, 6, 7, 7, 10, 0, 0.4），
送り：0.15 mm/rev，切込み：2.5 mm，
室温：24℃，逃げ面摩耗幅：0.25 mm．

（c）工具面の温度分布

図 2.55 工具すくい面の温度解析[16)]

解するために概略を示したものである。いずれの結果も，切れ刃先端からの離れた位置で最高温度となる。また，逃げ面摩耗痕上の温度は摩耗幅が大きくなると上昇するが，一般的にその温度はすくい面の温度より低い。

2.3.4 切削温度の数値解析

前項のようにせん断面やすくい面の温度を解析的に計算できるが，工具，切りくず，被削材の内部の温度分布は数値解析によって得られる。ここでは，**有限体積法**（finite volume method）[30]による定常切削温度の解析手法の概要を述べる。

材料の温度は，物質内部で熱が伝わる**熱拡散**（thermal diffusion），物質の移動に伴って温度が変化する**熱移流**（thermal convection），**発熱**（heat generation）によって変化する。図 2.56 は，二次元切削における温度変化とこれらの現象を関連づけたものである。すなわち

(1) 工具内部では熱拡散のみによって温度が変化する。
(2) 被削材と切りくず内部は，熱拡散と熱移流によって温度が変化する。
(3) せん断面ではせん断仕事に対応した発熱が生じる。
(4) すくい面上では摩擦仕事に対応した発熱が生じる。また，逃げ面に摩耗がある場合，摩耗痕上の摩擦仕事に対応した発熱が生じる。

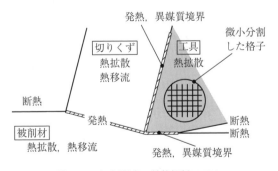

図 2.56 切削温度の数値解析モデル

(5) すくい面と逃げ面摩耗痕は，工具と材料とが接触する異媒質境界である。

(6) 冷却水を使用しない切削では，被削材表面，仕上げ面，さらには工具と接触していない側の切りくずの表面は，近似的に断熱境界である。

以上の工具および材料内部の熱に関わる現象に基づいて，温度変化を解析する。数値解析では，材料を有限個の微小領域に分割し，それぞれの領域の単位時間当り温度変化 $\partial\theta/\partial t$ を次式で関係づける。

$$\rho c \frac{\partial\theta}{\partial t} = \mathrm{div}(k \cdot \mathrm{grad}\,\theta) - \mathrm{div}(\rho c v\theta) + S \tag{2.58}$$

ただし，v と S は微小領域の速度と単位体積当りの発熱量であり，k, ρ, c は，それぞれ材料の熱伝導率，密度，比熱である。式 (2.58) の第1項は熱拡散，第2項は熱移流，第3項は発熱が温度変化に及ぼす影響を示している。

2次元の解析では，速度ベクトル v は (v_x, v_y) の成分であるから，式 (2.58) は次式の微分方程式となる。

$$\rho c \frac{\partial\theta}{\partial t} = \frac{\partial}{\partial x}\left(k\frac{\partial\theta}{\partial x}\right) + \frac{\partial}{\partial y}\left(k\frac{\partial\theta}{\partial y}\right) - \frac{\partial(\rho c v_x\theta)}{\partial x} + \frac{\partial(\rho c v_y\theta)}{\partial y} + S \tag{2.59}$$

定常状態は温度の時間変化のない状態で $\partial\theta/\partial t = 0$ であるから，次式の微分方程式となる。

$$\frac{\partial(\rho c v_x\theta)}{\partial x} + \frac{\partial(\rho c v_y\theta)}{\partial y} = \frac{\partial}{\partial x}\left(k\frac{\partial\theta}{\partial x}\right) + \frac{\partial}{\partial y}\left(k\frac{\partial\theta}{\partial y}\right) + S \tag{2.60}$$

図 2.57 は，図 2.56 の解析する材料の一部の微小領域を示したものである。点 P の温度を θ_P，これに隣接する点 W，点 E，点 S，点 N のそれぞれの温度を θ_W, θ_E, θ_S, θ_N とする。点 P について，x 方向の幅 Δx の区間 $[w, e]$ と y 方向の幅 Δy の区間 $[s, n]$ で囲まれた領域は**コントロールボリューム**（control volume）と呼ばれ，θ_P はこの領域における温度を代表している。式 (2.60) を離散化†するために，コントロールボリュームについて積分すると

---

† 計算機のプログラムでは，微分方程式を直接解くことはできないため，微分方程式を多項式で表す。

2.3 切削温度

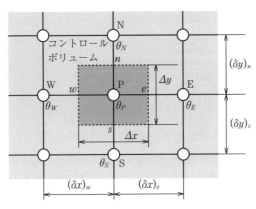

図 2.57 2 次元のコントロールボリューム

$$\left(\rho c v_x \theta\right)_e \Delta y - \left(\rho c v_x \theta\right)_w \Delta y + \left(\rho c v_y \theta\right)_n \Delta x - \left(\rho c v_y \theta\right)_s \Delta x$$

$$= \left(k\frac{\partial \theta}{\partial x}\right)_e \Delta y - \left(k\frac{\partial \theta}{\partial x}\right)_w \Delta y + \left(k\frac{\partial \theta}{\partial y}\right)_n \Delta x - \left(k\frac{\partial \theta}{\partial y}\right)_s \Delta x + S\Delta x \Delta y \quad (2.61)$$

また,右辺の微分項が点 P に隣接する領域との温度勾配であることを考慮すれば,右辺は次式で変形できる。

$$\left(k\frac{\partial \theta}{\partial x}\right)_e \Delta y - \left(k\frac{\partial \theta}{\partial x}\right)_w \Delta y + \left(k\frac{\partial \theta}{\partial y}\right)_n \Delta x - \left(k\frac{\partial \theta}{\partial y}\right)_s \Delta x + S\Delta x \Delta y$$

$$= \frac{k\Delta y}{(\delta x)_e}\theta_E + \frac{k\Delta y}{(\delta x)_w}\theta_W + \frac{k\Delta x}{(\delta y)_n}\theta_N + \frac{k\Delta x}{(\delta y)_s}\theta_S$$

$$- \left\{\frac{k\Delta y}{(\delta x)_e} + \frac{k\Delta y}{(\delta x)_w} + \frac{k\Delta x}{(\delta y)_n} + \frac{k\Delta x}{(\delta y)_s}\right\}\theta_P + S\Delta x\Delta y \quad (2.62)$$

ただし,$(\delta x)_e$, $(\delta x)_w$, $(\delta y)_n$, $(\delta y)_s$ は,それぞれ点 P と隣接する点 E,点 W,点 N,点 S との距離である。

式 (2.61) における左辺は,点 P のコントロールボリュームとこれに隣接している各点のコントロールボリュームとの境界の温度 θ_e, θ_w, θ_n, θ_s に対するものである。しかし,境界の温度が与えられていないため,ここでは**風上法**(up wind scheme)に従って,この境界の温度を物質の流れの上流側の温度で近似する。例えば,図 2.57 において点 e の温度 θ_e は,次式のようになる。

$$\theta_e = \begin{cases} \theta_P & (v_x > 0) \\ \theta_E & (v_x < 0) \end{cases} \tag{2.63}$$

これは演算子 $\langle a, b \rangle$ を用いて，次式で表せる．

$$v_x \theta_e = \theta_P \langle v_x, 0 \rangle - \theta_E \langle -v_x, 0 \rangle \tag{2.64}$$

$$\langle a, b \rangle = \begin{cases} a & (a > b) \\ b & (a < b) \end{cases} \tag{2.65}$$

したがって，点 P に関して，式 (2.61) は次式で表現できる．

$$a_P \theta_P = a_E \theta_E + a_W \theta_W + a_N \theta_N + a_S \theta_S + S\Delta x \Delta y$$

$$\left. \begin{aligned} & a_E = \frac{k\Delta y}{(\delta x)_e} + \rho c \langle -v_x, 0 \rangle \Delta y, \qquad a_W = \frac{k\Delta y}{(\delta x)_w} + \rho c \langle v_x, 0 \rangle \Delta y \\ & a_N = \frac{k\Delta x}{(\delta y)_n} + \rho c \langle -v_y, 0 \rangle \Delta x, \qquad a_S = \frac{k\Delta x}{(\delta y)_s} + \rho c \langle v_y, 0 \rangle \Delta x \\ & a_P = \frac{k\Delta y}{(\delta x)_e} + \rho c \langle v_x, 0 \rangle \Delta y + \frac{k\Delta y}{(\delta x)_w} + \rho c \langle -v_x, 0 \rangle \Delta y \\ & \qquad + \frac{k\Delta x}{(\delta y)_n} + \rho c \langle v_y, 0 \rangle \Delta x + \frac{k\Delta x}{(\delta y)_s} + \rho c \langle -v_y, 0 \rangle \Delta x \\ & \quad = a_E + a_W + a_N + a_S \end{aligned} \right\} \tag{2.66}$$

したがって，解析空間を微小領域に分割し，それぞれのコントロールボリュームにおける式 (2.66) で構成された連立方程式を解くことによって，全微小領域の温度を得る．

連立方程式の解法には，以下に述べる **SOR 法** (relaxation method) を適用する．式 (2.66) において，θ_P は次式のように書き換えられる．

$$\theta_P = \frac{\sum a_{nb} \theta_{nb} + S\Delta x \Delta y}{a_P} \tag{2.67}$$

ただし，a_{nb} は式 (2.66) の a_E, a_W, a_N, a_S であり，θ_{nb} は θ_E, θ_W, θ_N, θ_S である．したがって，すべてのコントロールボリュームにおける温度を仮定すれば，式 (2.67) でそれぞれのコントロールボリュームの温度を再帰的に計算できる．そこで，仮定した温度と式 (2.67) で得られる温度との誤差を小さくす

2.3 切削温度

るように，仮定した温度を修正する．例えば，点Pにおける温度を θ_P^* と仮定すると，次式により θ_P を更新し，再び式 (2.67) で温度を計算する．

$$\theta_P = \theta_P^* + \alpha \left(\frac{\sum a_{nb}\theta_{nb} + S\Delta x \Delta y}{a_P} - \theta_P^* \right) \tag{2.68}$$

この修正を繰り返し，すべてのコントロールボリュームにおける式 (2.66) を満たすような温度を得る．

図 2.58 は温度解析において，有限個の微小領域に分割したモデルであり，図 2.59 は鋼を常用切削条件で切削したときの切削温度分布である．図のように，すくい面の最高温度の位置は切れ刃先端部よりも少し離れた刃元側にある．また，せん断面における発熱のほとんどは切りくずの温度上昇に寄与し，被削材側への熱流入割合が小さい．

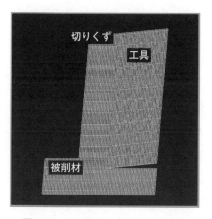

図 2.58 温度解析における微小領域

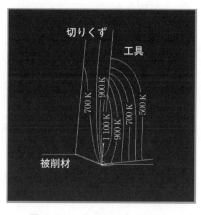

図 2.59 切削温度分布の解析例

切削条件に対する切削温度の傾向は，切削エネルギーに基づいて説明できる．すなわち，式 (2.47) のように切削速度が高くなるほど，力学的エネルギーとともに発熱強さも大きくなるため，切削温度が上昇する．また，送りや切込みが大きくなると切削力が増加するため，エネルギーが大きくなり切削温度が高くなる．

2.4 工 具 摩 耗

2.4.1 工 具 材 料

工具材質に要求される機能は耐摩耗性と耐欠損性であり，被削材より高い硬度が要求される。工具材質としては，古くは**工具鋼**（tool steel）が使用され，その後，**高速度鋼**（high speed steel）が使用された。これらの材料は**焼入れ**（quenching）によって硬度を上げて工具として使用したものである。そのため，切削速度が高くなると工具の温度が上昇して硬度が低下し，工具として機能しなくなる。

最近では，高温でも強度が低下せず，高い切削速度でも使用可能な超硬合金工具，セラミックス，cBN，ダイヤモンドの工具が使用されるようになった。

(1) **超硬合金**（cemented carbide）は，WC を主成分とし Co を添加して焼き固めた**焼結**（sintered）という製造法でつくられる。さらに，これに TiC や TaC を添加し，高温での耐摩耗性を向上させたものもある。

(2) **セラミック**（ceramic）は，Al_2O_3 を主成分として焼結したものであり，超硬合金よりも硬くて耐摩耗性に優れている。また，TiC，TiO，TiN，Cr_2O_3，ZrO_2 を含んだものがある。超硬合金の Co のような結合材はないが，焼結助剤を添加して焼結している。

(3) **立方晶窒化ホウ素**（cubic boron nitride, **cBN**）は，硬度が高く，熱伝導率も高い材料である。窒化ホウ素は自然界では斜方晶であるが，人工的に立方晶にして工具として使用している。最近は，結合材の少ない cBN も開発され，高い硬度を達成している。

(4) **ダイヤモンド**（diamond）は，前述の材料よりもさらに硬度が高いが，炭素を含む鋼系材料で，切削中に高温になる作業には適用できない。そのため，被削材としては，主に非鉄金属やアルミニウム合金などが対象となる。

このように硬度の高い切削工具は耐摩耗性に優れているが，その反面で欠損が生じやすい。すなわち，じん性のない工具は耐欠損性が低い。**図 2.60** はそ

2.4 工具摩耗

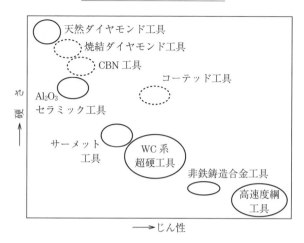

図 2.60 工具材質の硬さとじん性

れぞれの工具材質を硬度とじん性の特性に対して示したものであり，耐摩耗性と耐欠損性は相反する関係にある．最近では，超硬合金工具の表面にセラミックなどの薄膜を蒸着したコーテッド工具が開発され，その利用が増えている．コーティングの方法には**化学蒸着法**（chemical vapor deposition, **CVD**）と**物理蒸着法**（physical vapor deposition, **PVD**）がある．工具は耐摩耗性と耐欠損性が要求されるが，コーテッド工具はこれらの機能の要求される場所が違うことに着目して開発されたものである．すなわち，摩耗は工具表面で生じる現象であるため表面を硬い材質にし，欠損は工具自体の強度に関係するため，母材をじん性の高い材質にするように設計されたものである．

化学蒸着法は，高温下でも薄膜の剥離が起こらないように母材との密着性を考慮した蒸着法であり，長時間の連続切削で使用されることの多い旋削用工具に適用されている．ただし，高温下で蒸着し室温に戻す過程で，薄膜と母材の熱収縮率の差が大きいと薄膜が剥がれることもあるため，熱収縮率を段階的に変化させるように薄膜を多層にして，熱収縮率の差を緩和している．

物理蒸着法は，切削温度が比較的に低いエンドミルやドリルの工具に適用されている．化学蒸着法よりは密着性は低いが，例えば，TiSiN や TiAlN のように複数の元素を蒸着できる．

最近のコーティング材料としては，硬質薄膜である DLC（diamond like carbon）やダイヤモンドが使用されている。いずれも炭素を含んでいるため，炭素鋼の切削では用いられないが，軽量化が要求されるアルミニウム合金部品の加工などに使用されている。DLC は薄膜の硬度が高く低摩擦であるため，表面の硬度だけでなく，切削温度の上昇を抑制し，切りくずの排出性を向上する利点がある。ダイヤモンドコートは，炭素繊維強化プラスチック（carbon fiber reinforced plastic，CFRP）の切削に多用されている。

2.4.2 工 具 損 傷

工具の損傷は，切削された部品や製品の精度や品質を劣化させる。損傷には欠損と摩耗があり，それらは**表2.2**のように大別されている[16]。

表 2.2 切削工具の損傷

欠 損 (failure)	初期欠損（early failure）	
	突発的欠損（chance failure）	
	終期欠損（wear out failure）	
摩 耗 (wear)	機械的摩耗（mechanical wear）	掘起し（ploughing）
		摩滅（abrasive）
		チッピング（chipping）
	熱的摩耗（thermal wear）	塑性変形（plastic deformation）
		組織変化（texture changes）
		化学反応（chemical reactions）
		電気化学的反応 （electro-chemical reactions）
		溶着，凝着（adhesion）
		拡散（diffusion）
		熱き裂（thermal cracks）

工具欠損（tool failure）は，切れ刃の一部または切削領域全体にわたって破損する現象であり，これによって仕上げ面が悪化するか，切削不能となる。切削の自動化においては，工具欠損は致命的な問題となる。欠損は，それが生じる時期によって，初期，突発的，終期に分類されている。切削初期に発生する

2.4 工 具 摩 耗

初期欠損（early failure）の原因は，主に不適切な切削条件や工具に起因するものであり，切れ刃に負荷する応力が材料強度を超えた場合に生ずる。**突発的欠損**（chance failure）は，工具の内部欠陥，被削材の不均質による切削状態の急変，振動の発生などによって偶発的に生ずる。**終期欠損**（wear out failure）は長時間の切削により，工具材料の機械的強度の劣化や工具摩耗に伴う切削力の増加などに起因する。

　工具摩耗（tool wear）は，切れ刃と被削材または切りくずとの接触により連続的に工具材料が擦り減る現象であり，その主たる原因に基づき機械的摩耗と熱的摩耗に分類される。**機械的摩耗**（mechanical wear）は，被削材と工具の接触とその相対運動によって生ずる力学的な原因によるものである。**掘起し**（ploughing）と**摩滅**（abrasive）は，工具と被削材との接触界面における凹凸が接触して工具の一部が脱落するものである。また，被削材中の硬質粒子や脱落した工具粒子が工具表面を擦過し，工具表面が擦り減る。**チッピング**（chipping）は切れ刃先端の微小な欠けであり，前述の欠損にも関連するが，チッピングの発生によってただちに切削が不能となることはない。これは，切れ刃の先端部に局所的に高い応力が負荷するからであり，切れ刃が鋭利な状態の切削初期に発生することが多い。

　熱的摩耗（thermal wear）は，切削熱によって工具の温度が上昇することで，工具材料の機械的強度の低下や，工具と被削材の接触界面における反応，溶着・凝着，拡散に起因するものある。塑性変形は工具が高温となって強度が低下して変形する。また，工具鋼や高速度鋼のように焼入れ処理によって強度を維持している工具材料では，高温下で工具の組織変化が生じて機械的強度が低下し，摩耗の進行が早くなる。焼結材の工具でも，被削材との相互拡散による異種化合物が生成されると摩耗が促進する。また，化学反応や電気化学的反応が工具摩耗を促進させることがある。工具と被削材の界面が高温になると，工具材料の酸化，被削材中の非金属介在物との反応，切削油剤成分との反応などにより工具材料の特性が変化し，摩耗が増加する。また，導電性のある工具では，高温下で工具と被削材間の熱起電力により，工具に微小な電流が流れて

摩耗速度に影響する場合もある。溶着，凝着は被削材の一部が工具に付着し，それが脱落するときに摩耗が生じるものであり，工具と被削材の界面における温度とそれらの親和性に関連づけられる。拡散は工具の構成元素の一部が切りくずに拡散し，工具材料の粒子間結合力が低下して摩耗する現象である。熱き裂は，周期的な温度の変化に伴って工具面にき裂が生じ，摩耗の進行を促進させる。大規模なき裂は欠損の発生の原因になる。

2.4.3 工 具 摩 耗

切削時間とともに図 2.61 のように仕上げ面または切りくずと接触している箇所が擦り減る現象，すなわち工具摩耗が生じる。切りくずと接触するすくい面は，摩耗の進行により図のようにくぼんだ形状となる。この摩耗は**すくい面摩耗**または**クレータ摩耗**（crater wear）と呼ばれている。すくい面摩耗の大きさは，図において摩耗した領域におけるくぼみの深さ K_T で評価するため，表面粗さ計を用いてその深さを測定する。最近では，非接触の測定機器により 3 次元的に形状を観察し，最深部の測定が可能となっている。

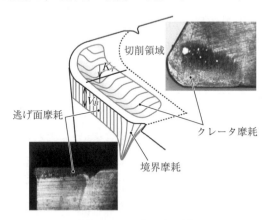

図 2.61　工　具　摩　耗

一方，仕上げ面と接触する工具の側面，すなわち逃げ面側にも摩耗が生じるが，これを**逃げ面摩耗**（flank wear）と呼んでいる。逃げ面摩耗は顕微鏡により摩耗部分を観察し，図の切れ刃稜線からの摩耗領域の幅 V_B を測定し，これ

によって摩耗の規模を評価する。逃げ面摩耗は，仕上げ面と直接接触する領域に発生する摩耗であるため，後述のように加工精度や仕上げ面粗さに影響を及ぼす。したがって，工具管理においては，逃げ面摩耗が評価の基準となる場合が多い。

切削領域と非切削領域の境界部は，刃先側よりも摩耗の進行が速くなる。この摩耗は**境界摩耗**（notched wear または grooving wear）と呼ばれており，加工雰囲気や前加工による被削材表面の加工硬化の影響によって摩耗が大きくなる。境界摩耗は，比較的，加工履歴や環境の影響を受けるため，後述の工具寿命の判定に用いられることは少ない。しかしながら，過大な境界摩耗は仕上げ面を悪化させるだけでなく，切削領域と非切削領域の境界部を起点とした工具欠損を引き起こすことになる。特に，加工硬化性が高いステンレス鋼やニッケル基耐熱合金では，境界摩耗の抑制を配慮しなければならない。

図 2.62 は，切削時間に対するすくい面摩耗と逃げ面摩耗の進行を模式的に示したものである。単位切削時間当りのすくい面摩耗の深さや逃げ面摩耗の幅の増分は**摩耗速度**（wear rate）と呼ばれ，被削材に対する工具の適性を判断する評価として議論される。

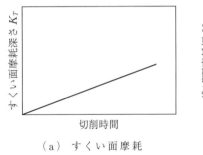
（a）すくい面摩耗

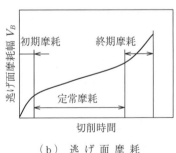
（b）逃げ面摩耗

図 2.62 工具摩耗の進行

すくい面摩耗は摩耗が進行してもすくい面上の応力や温度が大きく変化しないため，摩耗深さは切削時間とともに線形的に増加する。すなわち，摩耗速度は一定である。

逃げ面摩耗の進行は，切削初期に摩耗の進行が速い**初期摩耗**（initial wear）過程，緩やかに摩耗が進行する**定常摩耗**（steady wear rate）過程，切削終期に摩耗の進行が速くなる**終期摩耗**（rapid wear）過程があり，このような変化は以下のような状況によって生ずる。

(1)　初期摩耗の段階では切れ刃が鋭利であるため，切れ刃の先端には高い応力が負荷して摩耗速度が高くなる。また，被削材との接触が安定していないため，切れ刃の振動により摩耗の進行が早い。初期摩耗は，工具の取付けや使用する工作機械によっても異なるため，比較的外乱の多い摩耗過程である。したがって，工作機械の特性評価や劣化の状況を評価する指標にも利用できる。

(2)　定常摩耗は，逃げ面摩耗幅がある程度の大きさになった段階の摩耗過程であり，逃げ面が被削材と安定して接触する。そのため，この過程における摩耗速度はほぼ一定となり，工具と被削材の特性に依存する。すなわち，被削材に対する工具の適性は，この過程の摩耗速度で評価できる。

(3)　終期摩耗は，逃げ面摩耗幅が過大となり，摩耗痕上での摩擦仕事による発熱が大きくなって接触部の温度が過剰に上昇した状態の摩耗過程である。そのため工具の機械的強度が低下し，摩耗速度が高くなる。高温で機械的強度が急激に下がる材料，例えば，焼入れによって工具の材料強度を維持している高速度鋼の切削で観察される場合がある。

2.4.4　工　具　寿　命

工具は被削材と接触して相対的に運動しているため，工具材料がどのような硬質なものであっても摩耗は進行する。摩耗が過大になれば，加工精度，仕上げ面粗さ，加工変質層に影響を及ぼすため，実際の作業では摩耗がある一定の規模になった段階で工具を交換する。ここで寿命判定基準として，図 2.63 のように工具として使用できる最大のすくい面摩耗深さを K_{TC}，逃げ面摩耗幅に対する基準値を V_{BC} とすれば，これに至るまでの時間が**工具寿命**（tool life）

2.4 工具摩耗

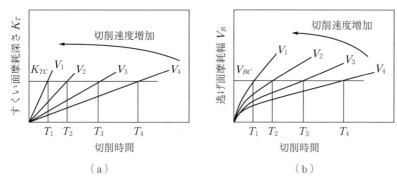

図 2.63　工具摩耗の進行と工具寿命

となる.

　工具摩耗は, 切削速度が高くなると切削温度が上昇するために, その進行が速くなる. その結果, 切削速度が増加すると工具寿命が短くなる. 一般に, 切削速度 V と工具寿命 T の両者の対数は**図 2.64** のように線形的な関係になり, 切削速度と工具寿命は以下の式で関係づけられる.

$$VT^n = C \tag{2.69}$$

ただし, n と C は定数であり, 被削材と工具の組合せによって与えられる. これは**工具寿命方程式**（tool life equation）と呼ばれ, F.W. Taylor によって提案されたものである. ただし, 最近の工具材料には, 切削速度の低速域と高速域で摩耗機構や特性が異なることもあり, 切削速度と工具寿命の関係が必ずしも図 2.64 のように線形的な関係にならない場合もある.

　式 (2.69) は工具寿命に対して切削速度を関連づけるものであるが, 切削条

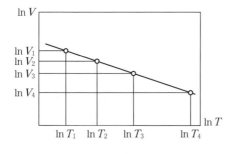

図 2.64　工具寿命と切削速度の関係

件としては，さらに切込み d や送り f に対しても，ξ，ζ，n，λ，χ をパラメータとし，摩耗量を W_0 に対して次式のように関連づけることができる。

$$Vd^{\xi}f^{\zeta}T^n = \lambda W_0^{\chi} \tag{2.70}$$

式 (2.69) や式 (2.70) は，工具寿命を工具が使用できる時間として切削条件と関連づけているが，これを使用できる切削距離 L で関連づけることも可能である。例えば，式 (2.69) は $L = V \times T$ であることを考慮し，次式で与えられる。

$$\left. \begin{array}{l} VL^A = B \\[2mm] A = \dfrac{n}{1-n} \\[3mm] B = C^{1/1-n} \end{array} \right\} \tag{2.71}$$

2.4.5　工具摩耗モデル

式 (2.69) から式 (2.71) の工具寿命方程式は切削条件と工具寿命との関係を示したものであるが，式中のパラメータは工具形状や寿命判定基準に依存する。したがって，これらの関係式を多種多様な切削作業に対して用意することは難しい。通常，摩耗現象は固体同士の接触界面における応力と温度に依存するから，これらと摩耗とを関連づけることができる。

2.3 節で述べたように工具のすくい面の温度は高温になり，逃げ面はすくい面のそれより低くなる。そのため，接触界面の温度によって摩耗機構の違いを考慮するのが一般的である。

すくい面の摩耗は，工具と切りくずの界面が高温になり，高温下において工具材料の成分元素の一部が切りくず側に拡散して工具の粒子間結合力を低下させる作用と，工具表面に切りくずの一部が凝着し，これが移動するときに工具の一部が脱落する作用によって進行する。例えば，超硬合金による鋼の切削では，超硬合金の結合材である Co が切りくず側に拡散し，さらに工具面に接触し移動する切りくずの力学的作用により，WC 粒子が脱落する。このような拡散は界面の温度に依存するものであり，また力学的な作用は応力に依存する。

このようにすくい面では**凝着摩耗**（adhesion wear）や**拡散摩耗**（diffusion wear）の熱的摩耗が生じる。

一方，逃げ面の界面は比較的低温であり，上記のような拡散の効果は少ない。しかし，材料の擦過に伴う**引っかき摩耗**（ploughing）により機械的な摩耗が進行する。この場合，接触する物質の硬度にも影響するため，材料強度の温度特性も考慮しなければならない。

以下では，凝着摩耗と引っかき摩耗のモデル[31]について説明する。

〔1〕**凝着摩耗** 図2.65のように，接触界面において直径d_a，間隔dl_aで突起が接触し，擦過距離dLによって高さh_aの摩耗粉を生じる場合を考える。擦過距離dLによって単位面積当りで，図の上側の突起と下側の突起が接触する回数は

$$N_a = \left(\frac{dL}{dl_a}\right)\left(\frac{4\sigma_t}{H\pi d_a^2}\right) \tag{2.72}$$

ただし，σ_tは垂直応力である。また，Hは突起の硬度であり，次式のように温度θの関数である。

$$H = \alpha_1 \exp\left(\frac{\alpha_2}{\theta}\right) \tag{2.73}$$

なお，α_1とα_2は材料定数である。単位面積当りの摩耗体積dWは

$$dW = \left(\frac{dL}{dl_a}\right)\left(\frac{4\sigma_t}{H\pi d_a^2}\right)\frac{\pi}{4}d_a^2 h_a z = \frac{\sigma_t}{H}\left(\frac{h_a}{dl_a}\right)z\,dL \tag{2.74}$$

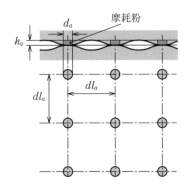

図2.65 凝着摩耗モデル

z は上側と下側の材料における突起の1回の接触で摩耗粉が発生する確率で，**Holm の確率**（Holm's probability）と呼ばれている。これはボルツマン分布と関係づけられ，次式で与えられる。

$$z = K_c \exp\left(\frac{-\Delta E}{K_B \theta}\right) \tag{2.75}$$

K_c は定数であり，ΔE は活性化エネルギーである。K_B は表面の構造によって与えられるボルツマン定数である。摩耗速度は式 (2.73) と式 (2.75) を式 (2.74) に代入し，次式で得られる。

$$\frac{dW}{\sigma_t dL} = \frac{K_c}{\alpha_1}\left(\frac{h_a}{dl_a}\right)\exp\left\{\frac{-(\Delta E + K_B \alpha_2)}{K_B \theta}\right\} = C_1 \exp\left(\frac{-C_2}{\theta}\right) \tag{2.76}$$

ただし，C_1 と C_2 は工具材料と被削材の組合せに対して与えられる定数である。

〔2〕 **引っかき摩耗**　図 2.66 のような垂直応力 σ_t を受けている接触界面において，擦過距離 dL に対する引っかき摩耗の摩耗体積は，次式で与えられる[32]。

$$dW = K \frac{\sigma_t}{H} dL \tag{2.77}$$

ただし，σ_t は垂直応力である。H は工具と被削材の界面における硬金属側の硬度であり，温度 θ によって次式で関連づけられる。

$$H = \alpha_1 \exp\left(\frac{\alpha_2}{\theta}\right) \tag{2.78}$$

ただし，α_1 と α_2 は定数である。また，K は次式で与えられる。

$$K = \beta_1 \exp\left(\frac{-\beta_2}{\theta}\right) \tag{2.79}$$

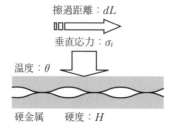

図 2.66　引っかき摩耗モデル

2.4 工 具 摩 耗

β_1 と β_2 は定数である。したがって，式 (2.78) と式 (2.79) を式 (2.77) に代入して，摩耗体積は次式で整理できる。

$$\frac{dW}{\sigma_t dL} = C_1 \exp\left(\frac{-C_2}{\theta}\right) \tag{2.80}$$

ここで，C_1 と C_2 は摩耗特性を与える定数である。

〔3〕 **摩耗特性式**　凝着摩耗に対する式 (2.76) と引っかき摩耗に対する式 (2.80) は，**摩耗特性式** (wear characteristic equation) と呼ばれており，両者は接触界面の応力と温度に対して同様の形式になっている。それぞれの式の C_1 と C_2 は**摩耗特性定数** (wear characteristic constants) であり，C_1 は摩耗速度の応力依存度，C_2 は温度依存度として評価できるが，摩耗機構が異なれば摩耗速度に対する応力と温度の影響が異なるため，それぞれの C_1 と C_2 が異なる。

図 2.67 は，$dW/\sigma_t dL$ の対数と $1/\theta$ の関係を示したものである[31]。高温域では直線の傾きである C_2 が大きく，低温域では小さい。すなわち，界面が高温となる状況では温度に大きく依存する凝着摩耗が支配的であるため C_2 が大きく，比較的低温の接触界面では引っかき摩耗が支配的であるため，温度の影響が低くなり C_2 は相対的に小さい。

摩耗特性式は接触界面の応力と温度に関連づけられているため，対象作業の切削条件や工具形状に対して，すくい面および逃げ面摩耗痕上の応力分布と温度分布が与えられれば，摩耗速度を推定できる。摩耗経過を推定する概要は以下のようになる[31]。

(1) 2.2.10 項で述べた解析により，切削三分力を得る。

(2) 工具と切りくずの接触長さを与えて，2.2.11 項で述べた応力分布を設定する。

(3) 2.3.4 項で述べた数値解析により，工具面上の温度分布を得る。

(4) 摩耗特性式に基づいて摩耗速度を計算し，切削距離，または切削時間に対する摩耗の推移を得る。2.4.3 項で述べたように，すくい面摩耗では摩耗の進行による応力と温度の変化は大きくないため，すくい面上の

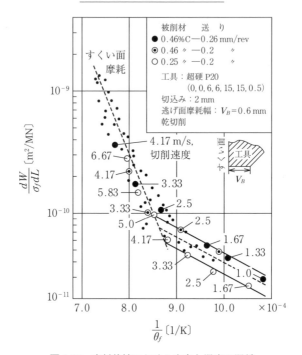

図 2.67 摩耗特性における応力と温度の関係

各微小領域における摩耗速度に基づいて摩耗深さの変化を計算する。一方，逃げ面摩耗では摩耗の推移とともに摩耗痕が変化する。そこで，逃げ面摩耗痕が仕上げ面と平行に進行するものとし，逃げ面摩耗痕上の摩耗速度が一定となるように応力分布と温度分布を求め，摩耗速度を計算する。

2.4.6 切削条件の最適化

ここでは簡単のため，切込みと送りが与えられている旋削作業を考える。部品加工の切削作業に要する時間（以後，「作業時間」とする）は，切削時間とともに工具や被削材の交換時間も考慮しなければならない。

切削時間は切削速度が高くなるほど短くなるが，式 (2.69) の関係より工具寿命が短くなり，所定の部品加工が完了するまでの工具交換回数が増えるた

2.4 工 具 摩 耗

め，これに要する時間が長くなる。その結果，切削速度を上げても，必ずしも作業全体の時間は短くならない。一方，工具寿命を考慮して切削速度を低くすると，切削時間が長くなり全体の作業時間が長くなる。このように，工具寿命を考慮すると作業時間を最も短くする最適な切削速度がある。いま，直径 D,長さ L の複数の円筒丸棒部品の外周長手旋削を考えると，切削速度 V を得るための被削材の回転数 N は

$$N = \frac{V}{\pi D} \tag{2.81}$$

被削材1回転当りの送りを f とすると，部品1個の切削時間 T_c は次式で得られる。

$$T_c = \frac{L\pi D}{Vf} \tag{2.82}$$

切削速度 V における工具寿命を T とすれば，式 (2.69) により次式で関係づけられる。

$$T = \left(\frac{C}{V}\right)^{1/n} \tag{2.83}$$

したがって，この部品加工で必要となる工具の本数 N_t は

$$N_t = \frac{T_c}{T} \tag{2.84}$$

部品加工に必要な工具の本数は工具の交換回数と一致するから，工具交換時間を T_t，被削材の交換時間を T_w とすると，部品1個当りの作業時間 P は次式で与えられる。

$$P = T_c + \frac{T_c}{T} T_t + T_w = \frac{L\pi D}{Vf} + \frac{L\pi D}{Vf} \frac{1}{(C/V)^{1/n}} T_t + T_w \tag{2.85}$$

式 (2.85) における第1項は切削速度 V の増加とともに減少し，第2項は増加する。第3項は切削速度 V に依存せず一定である。

作業時間 P を最小とする最適切削速度 V^* は，$\partial P / \partial V = 0$ によって次式で与えられる。

$$V^* = \left(\frac{n}{1-n} \frac{1}{T_t} \right)^n C \tag{2.86}$$

以上のようにして，作業時間に対する評価基準の下で切削速度を最適化できるが，切込みや送りも可変にすると作業設計が複雑となる。また，送りは仕上げ面粗さにも影響するため，仕上げ面粗さに関する条件の下で最適化をする必要がある。さらに，切込みや送りが大きくなれば切削力が増加し，加工誤差にも影響する。その結果，許容寸法公差を考慮して切削条件を最適化しなければならない。なお，ここでは切削作業時間の評価基準に基づいて最適化をしているが，切削作業費に対する評価基準でも同様の考え方で最適な切削条件が得られる。

2.5 加 工 品 位

2.5.1 加 工 精 度

加工精度は，工作機械の運動特性，工具や被削材の保持精度に起因する幾何学的誤差と，切削時の切削力，切削温度，工具摩耗の状況に起因する誤差に依存する。

幾何学的な誤差要因としては

(1) 工作機械の運動精度：工作機械の各制御軸の運動における幾何学的な誤差。駆動時の制御系における応答特性に起因する工具経路の誤差。

(2) 工作機械の熱変位：運転時における工作機械のモータ，主軸系，テーブル駆動系などの熱源によって工作機械が熱変形し，精度が低下する。

(3) 被削材・工具の保持誤差：被削材や工具の取付け誤差。エンドミルやドリルのような回転工具を使用する作業では，主軸の回転中心と工具の回転中心が一致せずに振れ回りを起こし，誤差の原因となる。

一方，切削過程に起因する誤差は，以下のようにまとめられる。

(1) 力学的誤差要因：切削力による工作機械，被削材，工具の変位。

(2) 熱的誤差要因：切削熱による被削材および工具の熱変形。冷却水の温

度上昇，切りくずの熱による工作機械や被削材の熱変形．

(3) 工具摩耗による誤差要因：切れ刃の逃げ面摩耗により所定の切込みが得られないことに起因する誤差．摩耗に伴う切削力の増加による力学的誤差，切削温度上昇に伴う熱的誤差．

以下では，切削過程に起因する加工誤差について述べる．**図2.68**は図（a）の部品に対して，工具を被削材自由端側から保持部側（チャック側）に，1回の送りで仕上げる作業の加工誤差の測定例である．図（b）と図（c）は，所定直径より大きい寸法となる誤差を正，小さい場合を負として示している．図（a）のように片側をチャックで保持する切削では，被削材自由端側において，切削力に起因する変位が大きくなる．切削力をF，変位をεとすると，静的コンプライアンスλは次式となる．

$$\lambda = \frac{\varepsilon}{F} \tag{2.87}$$

図のように片持ちの保持では，被削材の自由端側ほどλが大きくなるため，切

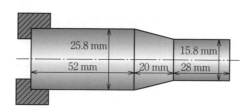

（a）加工対象形状

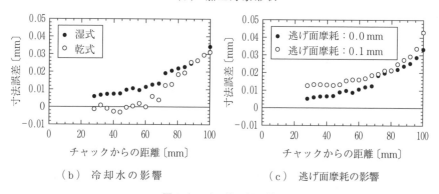

（b）冷却水の影響　　　　　　（c）逃げ面摩耗の影響

図2.68　寸法誤差

削力による被削材の変位が大きくなって所定の切込みが与えられず，削り残しが生ずる。その結果，被削材自由端側の加工誤差は正となる。工具は被削材長手方向に送られ，切削点と保持部の距離が短くなると，被削材の変位が小さくなり，削り残しが少なくなる。このように，加工誤差に対する切削過程の力学的要因は，被削材の保持部からの相対的な位置に依存する。

一方，切削過程の熱的要因は工具や被削材の熱膨張に起因する。図 2.68（b）は切削液を使用しない場合（乾式）と使用する場合（湿式）を示したものであるが，乾式では，切削点と保持部の距離に対する加工誤差の減少率が湿式のそれより大きく，保持部に近いところでは加工誤差が負，すなわち切込み過ぎになっている。これは，切削点において切削熱が工具側に流入して工具の長さ方向に大きな熱膨張が生じ，実質の切込みが設定切込みより大きくなるからである。湿式の場合では，工具は切削液によって冷却されているため，この影響は少なく，加工誤差の減少率に対する熱的影響は少ない。

図（c）は，鋭利な切れ刃で切削した場合と逃げ面摩耗幅 0.1 mm で切削した場合の加工誤差である。逃げ面摩耗を有する場合，摩耗痕上に負荷する力によって，鋭利な切れ刃の場合よりも切削力より大きくなる。すなわち，式（2.87）における F が大きくなるため，被削材の変位 ε も大きくなり削り残し量が大きくなる。なお，逃げ面摩耗痕上の摩擦仕事により，刃先から流入する切削熱も鋭利なそれより大きくなるが，図の摩耗幅では加工誤差に対する影響は少ない。

以上の切削過程に起因する加工誤差は，前項まで述べてきた切削力，切削温度，工具摩耗を推定することで予測できる。したがって，それぞれの加工位置で誤差を予測し，予想された誤差に応じて工具経路を変更することで，精度の高い加工が可能となる[33]。

2.5.2 仕上げ面粗さ

仕上げ面粗さに関する要因には，幾何学的粗さと被削材の材料挙動に起因する粗さがある。また加工中の振動が表面粗さにも影響するため，工作機械，工

2.5 加工品位

具，被削材の剛性や減衰性については十分な配慮が必要である。

旋削では被削材の回転と工具の送りによって，加工面には図 2.69（a）のような凹凸が残り，これが幾何学的な粗さとなる。また，仕上げ面は副切れ刃（前切れ刃）の形状によって制御されるため，図（b）のようにこの領域における摩耗が仕上げ面粗さに影響する。したがって，最大高さ粗さ R_Z は工具形状と工具摩耗によって次式で与えられる[34]。

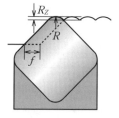 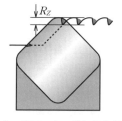

（a）切削条件や工具形状による粗さ　　（b）摩耗による幾何学的粗さ

図 2.69　旋削作業における幾何学的粗さ

$$R_Z = (V_B' - V_B)\tan\theta_e + \frac{f^2}{8(R - V_B\tan\theta_e)} + \frac{V_B'^2 - V_B^2}{D} \tag{2.88}$$

ただし，R と θ_e は工具のコーナ半径と副切れ刃（前切れ刃）の逃げ角，f は被削材 1 回転当りの送り，D は被削材の直径，V_B，V_B' は副切れ刃（前切れ刃）の逃げ面摩耗幅と境界摩耗幅（逃げ面における摩耗痕端部までの長さ）である。図 2.70 は，切削距離に対する仕上げ面粗さと，副切れ刃の逃げ面摩耗幅および境界摩耗幅の変化を示したものである。図のように，仕上げ面粗さは逃げ面摩耗と境界摩耗の進行に依存している。

材料の挙動が仕上げ面に及ぼす現象には，構成刃先の発生と非切削領域への塑性変形がある。2.2.4 項で述べたように，構成刃先は工具の先端付近で硬化した材料がすくい面に付着し，切れ刃のように作用する。この構成刃先は切削速度が比較的低速で，切削温度が低い場合に発生する。構成刃先が工具面に安定して付着していれば，工具面が構成刃先に覆われるため工具摩耗が減ることが期待できる。しかし，構成刃先は図 2.25 のように発生→成長→分離→脱落

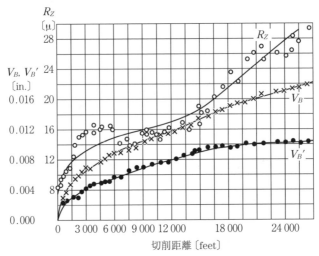

被削材：0.45％炭素鋼，工具：超硬，コーナ半径：0.65 mm，
すくい角：0°，逃げ角：8°，切込み：0.25 mm，送り：0.2 mm/rev，
切削速度：230 m/min，乾式

図 2.70　仕上げ面粗さの変化[34]

の過程を繰り返す。そのため，切込みが一定にならず，また構成刃先が仕上げ面に残留することもあるため，仕上げ面粗さが悪化する。構成刃先は特定の温度領域で生成するため，その生成温度以上になるように切削条件や工具材質を選定することで抑制できる。すなわち，一般的には切削速度を高くすることで構成刃先を消失させる。また，切削油剤を使用し，構成刃先が工具面に付着することを防止する。

非切削領域への塑性変形には，通常，**ばりやかえり**（burr）があり，図 2.71 のように切削領域の外側に材料が逃げる現象である。外周長手旋削の場

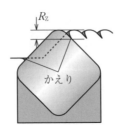

図 2.71　材料の挙動
に起因する仕上げ
面粗さ

合，工作物の送り方向に発生する塑性変形はその後の送りによって除去されるが，副切れ刃（前切れ刃）側に発生する塑性変形は仕上げ面粗さに影響する。ドリルやエンドミルの切削においては，塑性変形によって板裏面や材料の縁部にばりが発生するため，ばり取りの後工程が必要となる。

2.5.3 加工変質層

工具の切れ刃が完全に鋭利であり，図 2.21 に示したようにせん断面で変形が起こる場合，仕上げ面には巨視的な加工ひずみは残留せず，図 2.59 の温度分布に対応した切れ刃下部の温度上昇に伴う熱変質層，すなわち組織の相変態や熱応力による塑性ひずみのみが生じる。しかし，実際のせん断変形は広がりをもった領域であり，また切れ刃は丸みや逃げ面摩耗痕を有するため，このような力学的な要因で仕上げ面に加工ひずみが残留する。このように仕上げ面の表層には熱変質，組織の繊維状下，加工硬化，残留応力が発生し，母材とは異なる性質を有する。これを**加工変質層**（damaged layer または affected layer）と呼んでいる。

図 2.72 のように，加工変質層は，表面の数 10 Å 程度の**ベイルビー層**（Beilby layer）と呼ばれる非晶質層，その下部に繊維組織層，微粒化結晶層があり，これらが流動層を経て母材に至っている。加工変質層は仕上げ面の耐摩耗性や耐食性に関係づけられ，製品や部品の疲労強度，耐衝撃性，経年変化に影響する。加工変質層は，本来，流動層までを考慮すべきであるが，通常は微粒化層までの深さを加工変質層の厚みとしている場合が多い。加工変質層は，**表 2.3**に示す方法で測定できるが，それぞれの方法によって測定される加工変質層の

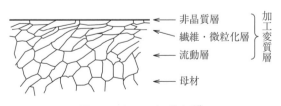

図 2.72　加 工 変 質 層[16]

2. 切 削 加 工

表 2.3 加工変質層深さの測定

測 定 法	測 定 概 要
腐食法	表面から腐食させて腐食速度を測定し，腐食速度が一定となる位置から深さを推定する。
顕微鏡法	表面に垂直，あるいは斜めの面で顕微鏡組織を観察し，その組織の乱れた位置から深さを推定する。
X線法	表層のX線回折像を撮影し，深さ方向の回折像の変化から結晶が乱れている位置までの深さを推定する。
硬さ法	表面に垂直な面で硬さ分布を測定し，硬さが一定となるまでの位置で深さを推定する。
再結晶法	供試材を適当な温度で加熱し，再結晶を起こした厚みを顕微鏡観察で測定し，推定する。

厚みが異なる場合が多い。そのため，加工変質層は測定法を統一して評価すべきである。

　加工変質層の規模が仕上げ面に対する力学的，熱的な影響にあることを考慮すると，切削条件や工具摩耗に基づいてその傾向が推定できる。すなわち，切削面積が大きくすくい角が小さくなるほど，切削力が大きくなり加工変質層が厚い。また，構成刃先の先端は著しい負のすくい角または大きな丸みを有するので，加工変質層の深さは増加する。切削速度の低い条件では，一般にせん断角が低く切削抵抗が大きくなり，切りくずはせん断型やむしれ型などの不規則な生成状態となるため，加工変質層が大きい。切削速度の増加とともに，せん断角が高くなりせん断域の広がりも小さくなるため，加工変質層の厚さが減少する。また，加工変質層の深さは工具摩耗の進行とともに増加する。

　残留応力（residual stress）は，外力の働いてない物体に局部的に残留する応力であり，これらは局部的に釣り合って外に現れないものである。一般に，引張りの残留応力は製品や部品の強度を低下させるため，切削加工面を最終仕上げとする場合，残留応力については十分な注意が必要である。切削における残留応力は，(1) 組織の相変態による体積変化，(2) 熱応力，(3) 残留塑性ひずみ，に起因する。例えば，切れ刃の直下における仕上げ面側では，切削中に高温となって熱応力が生じ，材料の降伏応力を超えると塑性変形が生じる。切

削後，冷却されて熱応力が解放されても回復されない弾性ひずみが部分的に残り，これが残留応力となる。また，局部的に相変態が生じれば，その体積変化によって同様の残留応力が生じる。図 2.73 は，切削方向に関する残留応力分布を表面からの深さ方向に示した数値解析の例[35]であり，引張りを正，圧縮を負としている。熱応力によって表面近くは引張りであるため，残留応力も引張りとなり，深部でこれに対応した圧縮の残留応力となる。

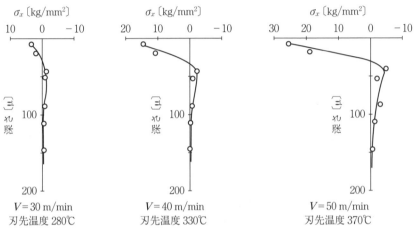

図 2.73 切削方向の残留応力の深さ分布

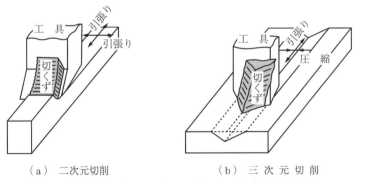

図 2.74 二次元切削と三次元切削の残留応力

図2.74（a）における二次元切削では，切削方向に対して工具前方では圧縮応力であるが，仕上げ面側は引張り応力が働く。また，切削幅方向には材料の広がりがあり引張り応力が生ずる。したがって，切削が終了しても仕上げ面には局部的に引張り応力が解放されずに残留する。

図（b）のような三次元切削では，切削方向に関しては二次元切削の場合と同様に引張り応力となるが，幅方向に関しては，切りくずとなる材料の変形が母材によって拘束されるため，圧縮応力となる。

図2.75は，旋削における各切削条件における残留応力分布を，表層から深さ方向に示したものである[36]。図では，被削材の円周方向と軸方向に対する残

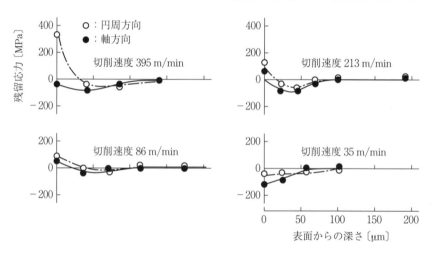

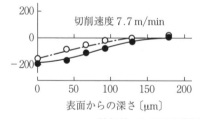

被削材：0.45％炭素鋼（焼なまし），
工具：超硬P20（-5, -5, 5, 5, 15, 15, 0.8），
切込み：0.3 mm，送り：0.05 mm/rev

図2.75　旋削仕上げ面の残留応力[16]

2.6 切削油剤

留応力を示している。すなわち被削材の円周方向は切削方向であり，軸方向は送り方向となる。図2.74で示したように，切削方向である円周方向の残留応力は引張り応力となる傾向がある。ただし，切削速度の低い条件では圧縮応力となっている。このように残留応力は切削条件に影響されるが，その他，切れ刃先端部の丸みや逃げ面摩耗幅も含めた工具形状，あるいは工具面の摩擦状態に関連したコーティング材質や潤滑剤の種類にも依存する。

2.6 切削油剤

2.6.1 切削油剤の機能

切削性能の向上を図るため，切削油剤が使用される。それぞれの作業に応じて表2.4に分類される油剤が使用される。切削油剤には以下の機能がある。

(1) 潤滑機能：工具面の潤滑性を向上させて摩擦力を低下させ，切削温度

表2.4 切削油剤（JIS K 2241）

不水溶性切削油剤	不活性タイプ	JIS N1種（混成タイプ）鉱油および/または脂肪油からなり，極圧添加剤を含まないもの
		JIS N2種（不活性タイプ）N1種の組成を主成分とし，極圧添加剤を含むもの（銅板腐食が150℃で2未満のもの）
		JIS N3種（中活性タイプ）N1種の組成を主成分とし，極圧添加剤を含むもの（硫黄系極圧添加剤を必須とし，銅板腐食が100℃で2以下，150℃で2以上のもの）
	JIS N4種（活性タイプ）N1種の組成を主成分とし，極圧添加剤を含むもの（硫黄系極圧添加剤を必須とし，銅板腐食が100℃で3以上のもの）	
水溶性切削油剤	JIS A1種（エマルジョン型）鉱油や脂肪油など，水に溶けない成分と界面活性剤からなり，水に加えて希釈すると外観が乳白色になるもの	
	JIS A2種（ソリュブル型）界面活性剤など水に溶ける成分単独，または水に溶ける成分と鉱油や脂肪油など水に溶けない成分からなり，水に加えて希釈すると外観が半透明ないし透明になるもの	
	JIS A3種（ケミカルソリューション型）水に溶ける成分からなり，水に加えて希釈すると外観が透明になるもの	

を下げる。その結果，すくい面摩耗や逃げ面摩耗が抑制され，工具寿命が改善される。

(2) 冷却機能：切削領域に切削油剤を供給して切削熱を油剤側に逃がし，切削温度を下げて工具摩耗を抑制する。また，加工点の温度上昇を抑制することで，材料および工具の熱膨張による加工誤差を抑制する。

(3) 耐溶着機能：構成刃先や刃先の溶着物は不安定な切削状態を誘発することが多く，その結果，仕上げ面品位を低下させることになる。切削油剤を工具と切りくずの界面に介在させることで，工具面における付着物を抑制する。

(4) 切りくず排出機能：切削油剤を加工点に供給しつつ，切りくずを加工領域から排出させる。例えば，穴加工においては，穴の内部に切りくずを詰まらないようにし，切りくずの擦過により，穴内面の仕上げ面粗さの劣化や工具の折損を防止できる。

表2.4の切削油剤のうち，不水溶性切削油剤は主に潤滑性向上のために原液で使用され，水溶性切削油剤は冷却効果を図るために水で希釈して使用される。ただし，従来の切削油剤に含まれている化学物質の中には環境負荷の高いものもあり，近年では，例えば，難削材や非鉄系材料の加工に効果的であった塩素系極圧添加剤を含む切削油剤が使用できなくなっている。

2.6.2 切削油剤供給の低減

近年では，環境負荷を低減するために油剤供給量を必要最小限にする技術として，**MQL**（minimal quantity lubrication）と呼ばれる**セミドライ加工**（semi-dry cutting）がある。これは，加工領域に極微量潤滑油をミスト状に供給するものであり，工具の側面からノズルによって切削油剤を供給する外部供給方式と，工具内部の切削油剤供給用の穴を利用して工作機械の主軸内部から切削油剤を供給する内部供給方式がある。さらに，切削油剤として成形油と水を混合した油膜付き水滴を供給すると，油の潤滑作用と水の冷却効果が得られる。

切削油剤をまったく使用しない**ドライ加工**（dry cutting）では，工具の冷却

や潤滑効果を得ることが，セミドライ加工よりも難しくなる。通常は，エアブローによる冷却方式となるが，さらに低温の空気を供給する**冷風加工**（cooling air cutting）もある。液体窒素を供給する冷却方法もあるが，これらは切削点における温度を下げるのみであり潤滑効果は期待できない。そのため，工具表面に低摩擦係数の薄膜材料をコーティングし，潤滑性を確保している。そのためドライ加工では，被削材に対する工具材質の選定に十分な配慮が必要である。

従来の大量に供給されていた切削油剤では，冷却，潤滑の他に切りくずの制御にも役立っていた。しかし，ドライ加工やセミドライ加工では切りくずの制御が難しく，適切な切削条件の下で切りくず処理を管理しなければならない。

2.6.3　切削油の廃液処理

油剤の廃液処理には，分離・回収技術，集塵技術，浄化技術がある。分離・回収技術は，切りくずや切りくずと油剤の混合物を分離し回収する技術であり，その方法としては機械的なものから，化学的，磁気的な作用を利用したものもある。

集塵技術は，加工時に粉状の切りくずを集塵する技術である。浄化技術は，切削油，冷却油などの貯蔵タンクの洗浄に関するものである。いずれも切削に関する付帯的な技術であるが，環境負荷の低減に対する配慮も必要である。

演　習　問　題

〔2.1〕　すくい角 5° の工具で，切削幅 1 mm，切削厚さ 0.2 mm，切削速度 200 m/min で二次元切削をする場合を考える。主分力が 452 N，背分力が 312 N，切りくず厚みが 0.43 mm のとき，せん断角，せん断面せん断応力，摩擦角を計算せよ。

〔2.2〕　工具のすくい面と切りくずが接触する領域での摩擦係数は，通常の雰囲気中における固体どうしの接触界面の摩擦係数より大きくなる。その理由を説明せよ。

〔2.3〕　切削速度が増加するとせん断角が大きくなり，切削力が低下する。せん断角の増加によって切削力が低下する理由を説明せよ。

2. 切 削 加 工

〔**2.4**〕 超硬合金工具とセラミックス工具による切削における温度では，どちらが高くなるか。また，その理由を説明せよ。

〔**2.5**〕 工具寿命方程式 $VT^n = C$ について，工具摩耗が切削温度に対してきわめて敏感に変化する工具材料の n を求めよ。また逆に，工具寿命が切削温度に対してほとんど影響を受けない工具材料の n を求めよ。工具材料の寿命特性における n は，両者の間の値をとる。図2.64において，これについて議論せよ。

〔**2.6**〕 工具の逃げ面摩耗は，工作機械の特性や工具の取付け状態によっても変化する。このような影響を受ける摩耗経過について議論せよ。

〔**2.7**〕 1 000 個の丸棒の外周旋削作業を考える。逃げ面摩耗が 0.2 mm に達するまでの切削時間は，切削速度 100 m/min のときに 80 分，切削速度 200 m/min のときに 5 分であった。切削速度 150 m/min のとき，逃げ面摩耗幅が 0.2 mm になるまでの時間を求めよ。また，工具交換時間を 5 分，工作物の交換時間を 2 分とし，丸棒 1 000 個の加工時間が最小となる切削速度を求めよ。

〔**2.8**〕 構成刃先が生ずる理由について説明し，これを消失させるための方法について議論せよ。

〔**2.9**〕 ステンレス鋼やニッケル基耐熱合金を切削する場合，工具摩耗が過大となり，仕上げ面が悪化する。この理由を説明せよ。また，その対策について議論せよ。

研削加工

3章 ▶

▶

◆ 本章のテーマ

　研削加工は硬度の高い砥粒を切れ刃とした精密仕上げ加工である。切削加工よりも精度の高い加工が可能で，かつ硬度の高い工作物を加工できるのは，非常に硬度の高い砥粒を用いることと，加工単位の小さな微細な切削が集積した結果として加工面が創成されるためである。また砥石には砥粒の破砕や脱落によって新しい切れ刃が現れる自生作用があり，研削砥石の適度な損耗は切れ味を維持するために必要である。さらに，砥粒や砥石の種類，研削加工の種類と用いられる工作機械，砥石の調整技術について学ぶ。

◆ 本章の構成（キーワード）

3.1　研削加工の特徴と種類

　　　砥粒，固定砥粒加工，平面研削，円筒研削，心なし研削

3.2　研削砥石

　　　研削砥石，一般砥粒，超砥粒，粒度，結合剤，結合度，組織

3.3　研削加工と工作機械

　　　平面研削，円筒研削，内面研削，心なし研削，ねじ研削，歯車研削

3.4　砥石表面の調整技術

　　　砥石の自生作用，破砕，脱落，目こぼれ，目つぶれ，目づまり，ツルーイング，ドレッシング

3.5　研削条件と加工状態

　　　連続切れ刃間隔，接触弧長さ，最大砥粒切込み深さ，スパークアウト

◆ 本章を学ぶと以下の内容をマスターできます

☞　研削加工の種類

☞　研削砥石の特徴と構造

☞　研削加工に用いられる工作機械

☞　検索条件と加工状態の関係

3. 研削加工

3.1 研削加工の特徴と種類

3.1.1 研削加工の特徴

研削加工（grinding）と次章で述べる**研磨加工**（polishing）は，ともに砥粒を用いる加工であるため，**砥粒加工**（abrasive processing）と呼ばれる。砥粒加工は大別して**固定砥粒加工**（fixed abrasive processing）と**遊離砥粒加工**（loose abrasive processing）に分類される。研削加工は固定砥粒加工の代表的な加工であり，研削は研削砥石を工具とした切削ということができる。切削における工具切れ刃に相当するのが，研削では砥粒切れ刃である。研削砥石は，酸化アルミニウムや窒化ホウ素などの硬質の粒子である砥粒を，気孔と呼ばれる空げきを包含しながら陶器材や金属などの結合剤で固めたものである。図3.1に砥石表面を拡大した写真を示す。図3.2に示すように，研削砥石を高速で回転させながら工作物に切り込み，相対的に送り運動を行うことにより工作物の表面を削り取る除去加工を行う。その加工原理はフライス加工とよく似ており，砥石表面の砥粒がフライスカッタのような役割を果たす。しかし，切れ刃となる砥粒の高さ，形状，間隔は一定ではなく規則的ではないので，切削に比べて研削の現象は複雑である。

研削加工の特徴を切削加工に対比させてまとめると，以下のようになる。

(1) 切削よりも硬脆材料の加工が容易である。HRc50以上の硬質材料でも

図3.1 砥石表面

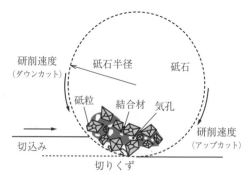

図3.2 研削加工の概念図

加工可能である．砥粒の硬度が高いことと，後述するように，多くの場合切れ刃の自生作用があり，砥粒は摩耗したり破砕したりしても加工能力が保たれるからである．

(2) 寸法精度に優れ，仕上げ面粗さが小さい．通常は切りくずの幅および厚さは μm，長さは mm のオーダーであり，加工単位が小さいためである．切削を行った後の仕上げに用いられることが多い．

(3) 切れ刃となる砥粒の形状やすくい角はランダムで，確率的に負の大きな値をもつものが多い．また，すくい面のみならず，稜切削も含めた三次元切削がなされている．

(4) 工具と工作物の相対速度は 2 000～3 000 m/min 程度ときわめて高く，切削の 10～50 倍である．

一方で

(5) 図 3.3 に示すように，砥粒の先端部分は切削工具に比べてすくい角が負となる形状になるから，せん断角は小さくなり加工力が大となる．したがって単位体積を除去するのに要するエネルギーは切削の場合より大きい．

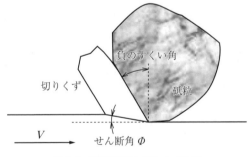

図 3.3　研削加工の切りくず生成

(6) すくい角が負で切削速度が高いことから，研削点温度が高くなりやすく，切りくずは高温の火花となって放出される．発生した熱の一部は工作物に伝わり，研削焼けや研削割れが起こることがある．

(7) 切削に比べ加工能率が低く加工時間は長くかかる。高能率の加工も可能であるが，出力の大きな工作機械が必要となる。

また，砥粒の形状や間隔が一定ではなく，各切れ刃の切込み量も一定ではないことから，**図 3.4** に示すように，工作物表面が除去されて切りくずが生成する切削の状態となる以外に，切込みが小さい場合には砥粒の移動軌跡の両側に盛り上がりを生じるが切りくずは生じない掘り起こしの状態や，工作物表面を押しならす上すべりの状態となることもある。

（a）切　削　　　（b）掘り起こし　　　（c）上すべり

図 3.4　砥粒による加工の形態

3.1.2　研削加工の種類

図 3.5 に基本的な研削方法を示す。平面を加工する**平面研削**（surface

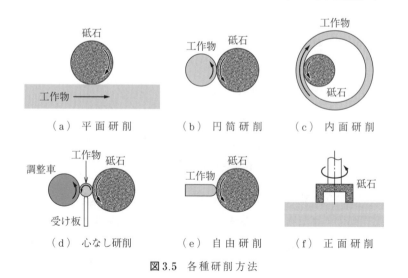

（a）平面研削　　　（b）円筒研削　　　（c）内面研削

（d）心なし研削　　（e）自由研削　　　（f）正面研削

図 3.5　各種研削方法

grinding），円筒外面を研削する**円筒研削**（cylindrical grinding），円筒内面を加工する**内面研削**（internal grinding），小径の円筒外面の研削で工作物をチャックなどで保持することなく加工する**心なし研削**（centerless grinding，**センタレス研削**）などがある。これらは円盤状の砥石の外周面で加工を行う。一方，平面研削ではカップ状の砥石の端面で加工を行う**正面研削**（face grinding）がある。研削加工を行う工作機械は研削盤と呼ばれるが，その構成と具体例については3.3節で詳述する。

3.2 研削砥石

研削砥石（grinding wheel）の構成要素である**砥粒**（abrasive grain），**結合剤**（bonding agent），**気孔**（pore）の三者を研削砥石の3要素と呼ぶ。砥粒には硬質のアルミナや黒色炭化ケイ素などが用いられる。古くは天然アルミナ（コランダム）やエメリーなどが多く使われていたが，現在では均一性に優れ，人工的に製造される砥粒が使われている。結合剤は，砥粒を保持し，所定の形状の工具に成形し，十分な強度をもつことが必要である。気孔はチップポケットとして発生した切りくずをためる作用があり，冷却にも役立つ。また，研削砥石の3要素は，さらに細分化して砥石の材質としての性質を決定する5因子に分類される。砥粒の種類，砥粒の**粒度**（grain size または grit size），結合度，結合剤の種類，組織を研削砥石の5因子と呼ぶ。砥石の表示にはこれらと，砥石の幾何学的特徴を併せて示す[2]。一般砥石の表示例を**表3.1**に示す。

表3.1 研削砥石の3要素と5因子

3要素	役割	5因子	内容
砥粒	切れ刃	砥粒の種類	砥粒の材質
		砥粒の粒度	砥粒の大きさ
結合剤	切れ刃の保持	結合度	砥粒の保持力
		結合剤の種類	結合剤の材質
気孔	チップポケット	組織	砥粒の密度

3.2.1 砥 粒 の 種 類

砥粒に要求される性質として，① 高硬度，② 耐摩耗性，③ 高じん性，④ 適度の破砕性，⑤ 結合剤とのなじみ性，などが挙げられる。

研削に用いられる砥粒は，(1) 一般砥粒，(2) 超砥粒，に大別される。(1)はアルミナ質と炭化ケイ素質に，(2) はダイヤモンドと立方晶窒化ホウ素に区分され，さらに特性や組成の違いにより細分化されている。

〔1〕 一 般 砥 粒

（a） **溶融アルミナ系砥粒**　溶融アルミナ系の砥粒は，1897 年に C.B. Jacobs が溶融アルミナの製法を発明して以来，現代まで人造砥粒の代表として広く用いられている。通称アランダムと呼ばれ，ボーキサイト鉱石を溶融し，SiO_2，Fe_2O_3，CaO などの不純物を除去し，特に Ti_2O_3 を固溶させて高いじん性をもたせている。種々の用途に適合するよう添加成分や結晶構造を変えた多くの種類がつくられている。

（b） **炭化ケイ素系砥粒**　炭化ケイ素系砥粒は，1891 年に発明され（通称カーボランダム），SiO_2 と C を 1 600～2 200℃で加熱反応させて SiC の結晶インゴットを得た後，粉砕して整粒し砥粒としたものである。

〔2〕 **超 砥 粒**　超砥粒は一般砥粒よりも高硬度であり，硬質材料を加工できる他に，砥石の損耗が少ないので，長時間の加工においても寸法精度を保つことができる利点がある。

（a） **ダイヤモンド砥粒**　ダイヤモンドは高硬度で鋭利な刃先をもつため砥粒として優れた性能をもっており，一般砥粒では加工が困難な一般砥粒では加工が困難な材料の加工に用いられる。ダイヤモンドは高温下で鉄と反応しやすいため，鉄系材料の加工には不適当とされている。

（b） **cBN 砥粒**　立方晶窒化ホウ素はダイヤモンドに次ぐ硬さを有し，鉄と反応しにくいので焼入れ鋼や工具鋼などの研削に用いられる。

代表的な砥粒の種類，特徴，および主な用途について**表 3.2** にまとめて示

3.2 研 削 砥 石

表3.2 代表的な砥粒の種類と特徴

	種　　類	記号	ヌープ硬さ	特　　徴	主な用途
溶　融アルミナ系	褐色アルミナ	A	2 040	代表的なアルミナ質砥粒	鉄鋼の研削全般
	白色アルミナ	WA	2 120	Aより高純度で，Aより硬いが脆い。	工具鋼の仕上げ研削
	淡紅色アルミナ	PA	2 260	Cr_2O_3を含有しWA砥粒のじん性を改善	合金鋼，工具鋼の研削
	解砕形アルミナ	HA	2 280	結晶粒界がないため硬い割にじん性が高い。	鋼の精密研削，総形研削
	アルミナジルコニア	AZ	1 460〜1 970	10〜40％のZrO_2含有，硬度は低いがじん性が高い。	オーステナイト系ステンレスの研削
炭　化ケイ素系	黒色炭化ケイ素	C	2 680	A系砥粒より硬いがじん性は低い。	鋳鉄，非鉄金属の研削
	緑色炭化ケイ素	GC	2 840	高純度のSiC，Cよりじん性が低いが，破砕性に優れる。	超硬合金，特殊鋳鉄，非鉄金属の仕上げ研削
ダイヤモンド系		D	7 000	高硬度で鋭利な刃先をもつ。	超硬合金，ガラス，セラミックス，半導体などの研削，切断
cBN系		BN	4 700	ダイヤに次ぐ硬度で，鉄と反応しにくい。	焼入れ鋼，工具鋼

す。なお表3.2中には砥粒の硬度を示しているが，参考までに一般的な工業材料のヌープ硬さを**表3.3**に示す。切削工具に使われる超硬合金や高速度鋼よりも砥粒の硬さは高い。

表3.3 工業材料のヌープ硬さ

材　　料	ヌープ硬さ	材　　料	ヌープ硬さ
ガラス	350〜500	超　硬	1 800〜2 400
水　晶	710〜790	窒化チタン	2 000
ジルコニア	1 000	炭化チタン	1 800〜3 200
焼入れ鋼（高速度鋼）	700〜1 300	炭化ケイ素	2 800

3.2.2 粒　　　度

　砥粒の大きさを粒度と呼び，一般に粒度番号で表示する。数字の小さいほう
が砥粒が小さい。これはふるいによって粒度を選別する際の，1インチ当りの
ふるいの目の数で表しているからである。例えば，粒度80番の砥粒とは，1
インチ当り80目のふるいをちょうど通過する大きさを意味する。粒度220ま
では数値の前にFを付けて，粒度240以上では数値の前に#を付けて表す（慣
用的には粒度によらず#が多用される）。一般に荒加工では仕上げ面粗さや加
工精度はあまり問題にならないので粗大な砥粒が使われ，仕上げ加工では粒度
の大きな（微細な径の）砥粒が使われる。砥粒は粉砕してつくるものが多く，
実際の形状は長軸対短軸の長さの比は1ではなく，1.7〜2.5程度であること
が知られている。粒度の規格はJIS R6001に規定されているが，F4〜F220は
ふるいを用いて分別し，#230〜#8000は，水中や空気中での沈降速度の差に
よって分別する方法（沈降試験）や電気抵抗試験による方法がとられる。

3.2.3 結合剤の種類

　結合剤には，適切な気孔を構成できること，十分な砥粒の保持力があるこ
と，所定の形状に成形できて十分な強度を有すること，などが必要となる。ま
た，砥粒の摩滅磨耗の進行に伴って研削抵抗が増加したとき破砕し，砥粒が適
度に自生することも求められる。

　表3.4に主な結合剤の種類と特徴を示す。このうち，ビトリファイド結合剤
とレジノイド結合剤が主流となっている。ビトリファイド結合剤では気孔が存
在するが，レジノイド結合剤やメタル結合剤では無気孔の砥石が使用されるこ
とも多い。気孔が存在すると砥粒の保持力は弱まるため，これを避けるためで
ある。

3.2.4 結　　合　　度

　結合剤が砥粒を保持する強さ（硬さ）を**結合度**（grade，**グレード**）という。

3.2 研 削 砥 石

表3.4 主な結合剤の種類と特徴

結 合 剤	記号	特　　徴	性　　質	用　　途
ビトリファイド	V	・長石，粘土を微粉砕・混合したもので，900～1 300 ℃で焼成 ・結合度，組織の調整が容易 ・弾性変形が小さく熱に強い。 ・適応砥粒：A系，C系，CBN，ダイヤ	・砥粒の保持力が強く，研削油の影響を受けない。 ・経時変化がなく，品質が安定している。 ・高弾性率のため，形状保持性に優れている。	・精密研削 ・円筒研削（クランク，カム） ・ホーニング ・超仕上
シリケート	S	・珪酸ソーダを主成分とし600～1 000 ℃で焼成	・発熱は少ないが，強度は低い。	・切削工具の刃付け作業 ・熱伝導率の低い材料の研削
レジノイド	B	・熱硬化性樹脂（フェノール樹脂など）を主体とし，150～200℃前後で熟成 ・低温のため，適当な補強材や添加剤が使用できる。 ・適応砥粒：A系，CC系，CBN，ダイヤ	・ビトリファイド結合剤より強度が高く，高速回転に耐える。 ・弾性があり衝撃の大きな粗研削に使用可 ・砥粒の保持力は弱い。	・高圧，高速の自由研削 ・ロール研削 ・工具研削 ・切断，オフセット研削 ・ディスク研削
ラバー	R	・天然あるいは人造の硬質ゴムを使用し，180 ℃前後で加硫 ・適応砥粒：A系，C系	・レジノイドより弾性に富む ・摩擦抵抗が大きい。 ・研削熱による軟化防止策として湿式研削で使用する。	・心なし研削用の調整砥石 ・切断（湿式用）
メタル	M	・銅，黄銅，ニッケル，鉄などの金属粉末を500～1 000 ℃で焼結 ・適応砥粒：CBN，ダイヤ	・砥粒の保持力が大きく，熱の影響も受け難いため寿命が長い。	・寿命や形状維持性を重視する用途 ・コンクリート，アスファルトの切断

結合剤の性質と量により定まる。結合度は，アルファベットの大文字で26種類に分けてその程度を表す（**表3.5**）。A が最も軟らかく，Z が最も硬い。硬い結合度の砥石を用いると，砥粒の保持力が高いために砥粒が脱落しにくく，砥

表 3.5 砥石の結合度

砥石の硬さ	結合度の記号
極軟	A, B, C, D, E, F, G
軟	H, I, J, K
中	L, M, N, O
硬	P, Q, R, S
極硬	T, U, V, W, X, Y, Z

石の形状や寸法は保ちやすいが，摩耗した砥石も脱落しないので切れ味が低下し，熱膨張や研削焼けを起こしやすい。

3.2.5 組　　　織

　砥石の中に砥粒がどの程度に充てんされているかを示す性質を**組織**（structure）と呼ぶ。砥石体積に対する砥粒の容積比により定められる。JIS規格では，**表 3.6** のように 0 から 25 の 26 段階に分類されている。砥粒が占める割合が大きければ組織が密であるという。組織が密な砥石を使うと，切れ刃密度が高いため仕上げ面粗さが小さく砥石の摩耗も少なくなるが，切りくずを収容する気孔の容積が小さいので，砥石と工作物の接触面積を小さく保つ必要

表 3.6 組織と砥粒率（JIS R6210 2006）

組織番号	砥粒率（％）	組織番号	砥粒率（％）
0	62	9	44
1	60	10	42
2	58	11	40
3	56	12	38
4	54	13	36
5	52	14	34
6	50		
7	48		
8	46	25	12

があり重研削には向かない.

3.2.6 研削砥石の形状

砥石の形状と寸法は用途によって非常に多様である.図3.6に代表的な砥石形状の数例を示す.平形砥石は最も一般的で円筒研削や平面研削に用いられる.リング形とカップ形は立て形平面研削や工具研削に用いられる.また歯車研削などには皿形砥石が用いられる.

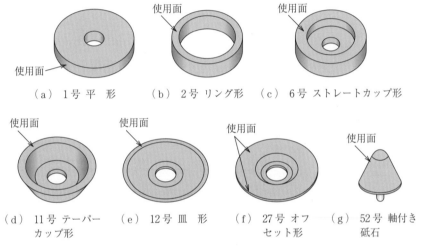

図3.6 研削砥石の代表的な形状

3.2.7 研削砥石の表示

研削砥石は,砥粒種類,粒度,結合度,組織,結合剤種類の5因子によって表示することになっている.その表示例を図3.7に示す.添加剤,砥石形状や寸法が記入されることもある.また,砥石車には最高使用周速度を明示することになっている.

砥石形状	縁形	寸法	砥粒	粒度	結合度	組織	結合剤	細分記号	最高使用周速度 [m/s]
1号	A型	305 × 38 × 127	WA	46	H	7	V	3	33 m/s

		外形×厚さ×穴径						結合剤の細分記号	
1号 平形	A~P		A	8	A	0	V ビトリファイド		
2号 リング形			WA	~	~	~	S シリケート		
3号 片テーパ形			PA	8 000	Z	25	B レジノイド		
4号 両テーパ形			HA				R ラバー		
5号 片へこみ形			AZ				M メタル		
6号 ストレートカップ形			C						
7号 両へこみ形			GC						
8号 セフティ形									
10号 片ドビテール形									
10号 両ドビテール形									
11号 テーパカップ形									
12号 皿形									
13号 鋸用皿形									
16号~19号 砲弾形									
20号~26号 逃げ付き形									
27号, 28号 オフセット形									
— 切断砥石									
— 軸付き砥石									
— ホーニング砥石									
— セグメント砥石									

図 3.7 研削砥石の表示例

3.3 研削加工と工作機械

3.3.1 平面研削

平面研削は砥石の外周または端面を使って平面を得る研削作業である。大別して図3.8の4種類に分類できる。すなわち、砥石軸が水平（横軸）か、垂直（縦軸）かによるものと、テーブルが直線往復運動するのか、回転運動するのかによるものがあり、それぞれの組合せによる。図（a）は、平形砥石の外周面を利用して平面の精密研削や溝の加工などを行うもので、最も汎用的に用いられる研削盤の一つである。図3.9[1]に横軸スピンドル、直道往復テーブルのタイプの平面研削盤の例を示す。図3.8（b），（d）は、円テーブル上に並べた小物部品の端面を量産的に平面研削するのに用いられる。一般的に、工作物はマグネットチャックによりテーブル上に固定される。非磁性体の工作物はバイスや真空チャックなどで固定する。

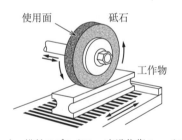
（a）横軸スピンドル，直道往復テーブル

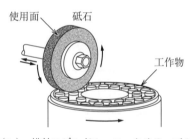
（b）横軸スピンドル，ロータリテーブル

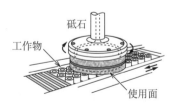
（c）立て軸スピンドル，直道往復テーブル

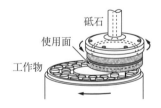
（d）立て軸スピンドル，ロータリテーブル

図3.8 平面研削盤の形態

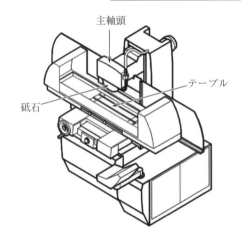

図3.9 横軸角テーブル形平面研削盤
(JIS B0105 図25)

3.3.2 円筒研削

円筒研削は，**図 3.10**（a）のように円筒状工作物を回転させ，その外周面を研削する加工方法である。図（b）のように送り方向を設定することにより，テーパ面や端面，あるいはある程度の曲面も加工できる。また，図（c）のように円筒端面を加工する際にも用いられる。

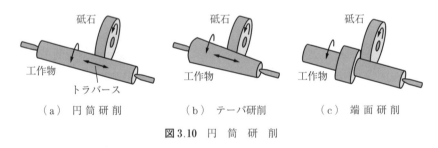

（a）円筒研削　　（b）テーパ研削　　（c）端面研削

図 3.10　円筒研削

円筒研削には種々の方法があるが，工作物の軸方向に送りが与えられる形式をトラバース研削と呼ぶ。砥石幅より研削する部分が長い場合に適用されて，仕上げ面の粗さは小さいが能率は低い。工作物を載せたテーブルがトラバースする場合と，砥石台がトラバースする場合の2方式がある。

研削する部分の長さが砥石幅より短い場合はトラバースが不要であり，砥石台に切込み方向の送りを所定の寸法となるまで与える。**図 3.11** のように，所

3.3 研削加工と工作機械

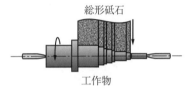

図 3.11 総形プランジ研削

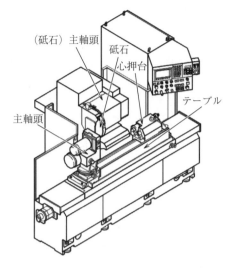

図 3.12 円筒研削盤（JIS B0105 図 22）

定の形状に整形した砥石の形を工作物に転写する，総形プランジ研削と呼ばれる研削に用いられる。**プランジ研削**（plunge grinding）では一般に砥石周速が高く，高出力高剛性の研削盤が使用される。**図 3.12**[1] に代表的な円筒研削盤の構造構成例を示す。

3.3.3 内 面 研 削

内面研削は，旋削や中ぐり盤などで切削された穴の精度を高めるために行われる。**図 3.13** に内面研削盤の構造を示す。チャックに把持された工作物が回転し，高速回転する砥石を半径方向に切込みを与え，**図 3.14（a）** に示すように軸方向に往復運動することでその内周面を加工する。

一方，工作物を固定したまま，砥石軸に自転と公転の二つの回転を与えて遊星運動をさせるプラネタリ型（図（b））がある。この方式は工作物の内面と外面が同心円でない場合や，回転させるのが困難な場合に用いられる。**図 3.15**[1] に内面研削盤の例を示す。

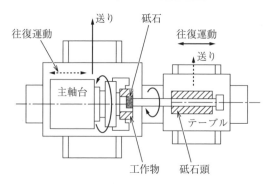

図3.13　内面研削盤の構造

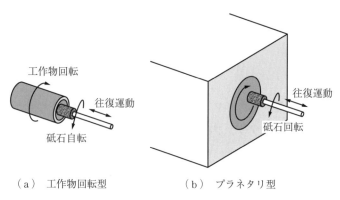

（a）工作物回転型　　　　（b）プラネタリ型

図3.14　内面研削の方法

　内面研削では，当然ながら使用する砥石は加工穴より小さくなければならない。その際，よい切れ味を保つために30 m/s程度以上の砥石周速が必要であり，砥石軸は高速で回転する必要がある。特に小径穴の内面研削には空気タービンや高周波モータの使用により毎分5万～10万回転の高速回転砥石軸を使う必要がある。さらに深穴の場合には砥石軸の太さと長さの制約により剛性が不足し，研削抵抗による弾性変形や振動により加工精度が低下しやすい。また，内面研削では砥石と工作物の接触弧長が大となって研削液を的確に供給することが難しく，発熱が大きくなり砥石の損耗が増えやすい。さらに，砥石径が小さいと，砥石の摩耗量に比して砥石径の減少量が大きくなるので，寸法精度を保ちにくい。以上のように内面研削盤作業には困難な問題も多い。

3.3 研削加工と工作機械

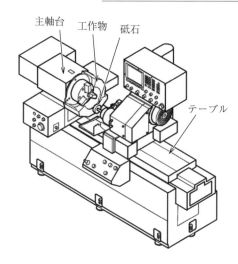

図 3.15 内面研削盤
（JIS B0105 図 23）

3.3.4 心なし研削

心なし研削では，円筒研削のように加工物を両センタやチャックで支持することなく円形断面の研削加工を行う。

最も単純な心なし研削の接線送り法について，**図 3.16**（a）に示す。研削を行うための砥石と，それに対向して**調整車**（regulating wheel，**弾性砥石**ともいう）の間に加工材が供給される。調整車の周速は研削砥石の周速の 1/100～1/50 程度に設定する。工作物は低速で回転する調整車との摩擦力によりそれに近い周速で回転しながら，研削砥石により研削される。加工物の直径が砥石間のすきま d と等しくなったとき，加工物は落下し加工が自動的に終わる。

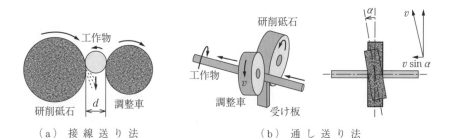

（a）接線送り法　　　　　　　　（b）通し送り法

図 3.16 心なし研削

実用的には**通し送り法**（through-feed grinding）と呼ばれる方法が広く用いられる。図（b）のように受け板を設けて，受け板，研削砥石，調整車と接する3点で定まる円断面に加工される。調整車の軸を研削砥石の軸に対して α だけ傾ける（2°～6°）ことにより，工作物には軸方向の速度成分 $v \sin \alpha$ が与えられ自動的に軸方向に送られる。通し送り法は工作物を連続的に供給することができ，能率が高い。

3.3.5 心なし内面研削

心なし内面研削（internal centerless grinding）は，**図 3.17** のように調整車，圧力ロール，支持ロールで円筒状の工作物を支持・回転させながら，研削砥石で内面を研削するものである。研削砥石と調整車それぞれの中心を結ぶ線上に工作物の加工点が位置しており，これにより薄肉パイプ状の工作物であっても加工点の剛性が高く保たれ，高精度の研削加工が可能となる。

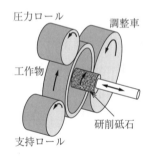

図 3.17　心なし内面研削

3.3.6 ね じ 研 削

マイクロメータスピンドルや工作機械送りねじなど，高精度と優れた表面粗さを要するねじは焼入れ鋼を研削仕上げして製作する。**図 3.18**（a）のように，ねじの谷形状に整形した1山砥石を使う場合と，図（b）のように多山砥石を使う場合とがある。いずれの場合も，工作物の回転と送りをねじ山のピッチに合うよう同期させる。後者の場合，加工能率は高いが砥石を高精度なねじ形状に成形する必要がある。

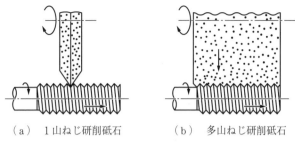

(a) 1山ねじ研削砥石　　（b）多山ねじ研削砥石

図3.18　ねじ研削

3.3.7　歯車研削

歯車はホブやギヤシェーパを用いて切削加工で製作されるが，自動車の動力伝達用の歯車などは，繰返しの高荷重に耐えるために熱処理が施される。さらに，歯車のかみあい時に発生する打撃音やうねり音を抑制し騒音を低減するためには，いっそうの精度向上が必要となる。そこで歯車を熱処理した高硬度材を研削する。

歯車研削（gear grinding）盤は，高速回転する砥石で歯車（ワーク）の歯面を研削仕上げする機械で，加工方法としては，図3.19に示すように**成形研削**（form grinding）と**創成研削**（gereration grinding）とに大別される。成形研削

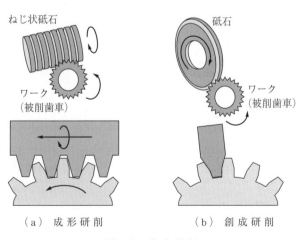

(a)　成形研削　　　　（b）　創成研削

図3.19　歯車研削

は歯形を反転した形状に砥石を成形し，工作物を研削しその形状を転写する。一方，創成研削では砥石の形状は歯形との反転形状に一致していないが，砥石と工作物の回転によってそれらの接触点（すなわち加工点）が移動し，その軌跡が歯形となるよう砥石形状を設計する。

創成研削は，多条ねじ状の研削砥石を用いて条数を増やし，高能率加工を実現している。創成研削は，自動車関連歯車などの量産に採用されている。

3.3.8 その他の研削

円筒，平面以外の複雑な形体を研削加工する目的で設計されている研削盤の機種も多彩である。その代表的なものを以下に示す。

> 工具研削盤，センタ穴研削盤，ジグ研削盤，倣い（プロファイル）研削盤，カム研削盤，スライドウェイ研削盤，クランクシャフト研削盤，グラインディングセンタ，など

これらにおいて，複雑な形状の加工は，砥石台の運動制御による方式（メカニカル方式：クランクシャフト研削盤，テンプレートやマスクによる倣い方式：カム研削盤や倣い研削盤，NC 方式：ジグ研削盤やグラインディングセンタ），あるいは砥石形状を転写する総形研削方式（センタ穴研削盤，スライドウェイ研削盤）により実現されている。

┌─ コーヒーブレイク ─

タービンブレードのルート部根元部分の加工（クリープフィード研削，ハイレシプロ研削）

図（a）は発電用のガスタービンエンジンである。タービンブレードは定期的に交換する必要があり，図（b）のようにシャフトにつながったディスクからブレードが取り外し可能となっている。このディスクの勘合部分はクリスマスツリーのような形の溝形状となっており，ブレードにかかる遠心力や高温に耐える形状に設計されている。タービンブレードの根本部分は図（c）に示すように総形砥石で研削加工される。その方法には二つあり，一つは大切込みで極低速の送りで加工を行うクリープフィード研削で，もう一つの方法は逆に微小切込みだが，数百往復/分で高速に往復運動しながら加工を行うハイレシプ

(a) ガスタービンエンジン[2]

(b) タービンブレードとディスクの結合部分[3]　　(c) タービンブレード根元部分の総形研削[4]

図　タービンブレード根元部分の研削加工

ロ研削である。後者においては，工作物が高速反転運動するため，1パス当りの砥石半径切込み深さが小さく，研削抵抗や研削熱の発生が小さくなる利点がある新しい研削方法である。

3.4　砥石表面の調整技術

3.4.1　砥石の自生作用

　砥粒は硬度が高く摩耗しにくい性質のものが用いられるが，それでも加工をつづけるうちに砥粒は摩耗したり，摩耗により切削抵抗が増えて破砕したりする。また，砥粒を結合する結合剤が破壊して砥粒が脱落することも起こる（図

3.20)。切削工具の場合には,工具刃先が欠損したら使用できなくなるが,砥石の場合はそれでも加工する能力が維持される。なぜなら硬脆材料である砥粒が破砕すると新たな鋭い切れ刃が現れるからである。また脱落によって,これまで加工に関与していない新しい砥粒が表面に現れたり,これまで加工していた砥粒に隣接する砥粒が切れ刃として削るようになる。このようにして,砥粒の破砕や脱落を伴いながら自動的に切れ味がよい状態に保たれることを,**自生作用**(self-dressing)という。ただし,この場合でも砥石は摩耗しながら加工しており,砥石径は徐々に小さくなる。そこで,工作物の除去体積を,砥石の摩耗体積で除した値を**研削比**(grinding ratio)と定義し,研削状態を評価する一つの指標として用いる。

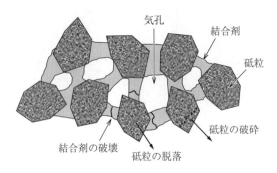

図 3.20 砥石の自生作用

3.4.2 砥石表面状態の変化

研削加工中に適度に自生作用が働き,切れ味がよい状態に保たれる場合を正常研削と呼ぶ。他方,加工条件や砥石の条件により,**図 3.21** に示す三つの状態が現れる。

(1) **目こぼれ**(shedding):砥粒の脱落や破砕が過度に生じること。切れ味はよい状態が保たれるが,砥石の損耗が著しく,砥石径が急速に小さくなるため寸法精度が低下する。

(2) **目つぶれ**(glazing):自生作用が不足し脱落や破砕が生じないため,砥

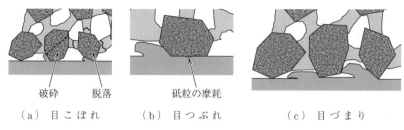

図3.21 砥石表面状態の変化

粒は加工を続けて摩耗して平滑になり，切れ味が悪い砥粒が残った状態。研削抵抗は大きくなり発熱量も増し，研削焼けを生じやすい。

(3) **目づまり**（clogging）：気孔が不足し砥石表面がつまってしまうこと。アルミニウムや銅などの延性が大きな材料を研削する場合に生じやすい。

図3.22は結合度，粒度，切込みを変化させて，鋼を研削した場合の砥石作用面の様子を調べたもの[2]である。図(a)からは，結合度が硬いほど砥粒の脱落が生じにくくなり目つぶれ形となることや，同じ結合度でも粒度が細かくなるほど目づまりしやすくなることがわかる。

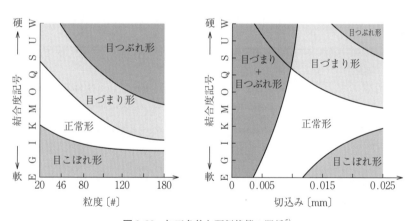

図3.22 加工条件と研削状態の関係[5]

3.4.3 ツルーイングとドレッシング

砥石が摩耗して切れ味が低下したり，砥石の幾何学的形状・寸法に変化が生

じた場合には砥石作用面を調整する必要がある。砥石作用面の調整作業には**ツルーイング**（truing，形直し）と**ドレッシング**（dressing，目直し）とがある。ツルーイングは砥石作用面の形状の修正や回転軸に対する振れの修正を行う作業である。ドレッシングは，目つぶれや目づまりで切れ味が低下した砥石の表層を除去し，新しい砥粒を表面に出す作業である。一般にツルーイングを行った後にドレッシングを行う。それらの作業は，**ダイヤモンドドレッサ**（diamond dresser）や砥石を用いて行う。

以下に代表的なツルーイング，ドレッシングの例を示す（**図 3.23**）。

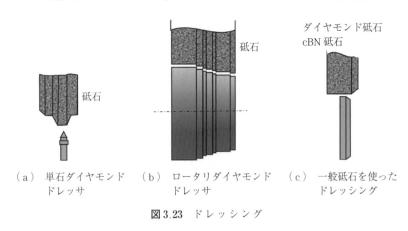

(a) 単石ダイヤモンドドレッサ　　(b) ロータリダイヤモンドドレッサ　　(c) 一般砥石を使ったドレッシング

図 3.23　ドレッシング

(1) **ダイヤモンドドレッサ**　　単石ダイヤモンドドレッサは先端にダイヤモンドが固定されており，これを研削盤に取り付けて砥石表面を薄く除去する。ダイヤモンドを数個配列し，焼結金属中に埋め込んだ多石ダイヤモンドドレッサも使われる。

(2) **ロータリダイヤモンドドレッサ**（rotary diamond dresser）　　表面に小径のダイヤモンドを多数埋め込んだ焼結体で，加工対象物の形状に成形してある。これを砥石作用面に押し付けて表面に鋭い切れ刃を出現させる。摩耗量が小さく，高精度な砥石の成形が能率よく行える。量産部品の総形成形研削砥石の成形に有用である。

(3) **一般砥石によるダイヤモンド砥石，cBN 砥石のドレッシング**　　WA，

GCなどの一般砥石を回転するダイヤモンドホイールやcBNホイールに当ててドレッシングを行うことができる。ダイヤモンドホイールよりも若粒度の粗いものを用いるのが効果的である。

近年のCNC（数値制御）研削盤では，自動ドレッシング装置を装備しており，研削加工中に適宜ドレッシングを行うとともに，砥石径を機上計測して加工寸法を管理できるものがある。

3.5　研削条件と加工状態

3.5.1　研削状態のモデル化

研削加工における仕上げ面粗さや加工力は，砥石表面で加工に関与する砥粒切れ刃の状態に大きく左右される。砥石の表面には図3.24（a）のように多数の砥粒切れ刃が存在するが，砥石軸に垂直なある断面状に砥粒①と②が加工に関与しているものとする。①と②の砥石外周に沿って測った間隔をλとし，このλを**連続切れ刃間隔**（cutting point spacing）と呼ぶ。平面研削の場合を例とすると，図（b）のように砥粒①が経路ABを切削し，その後に砥粒②が経路CDを切削することになる。研削速度（砥石周速）をV_s，テーブル速度をV_wとすると一般の研削では$V_s \gg V_w$であり，各砥粒の軌跡は円弧で近似でき，

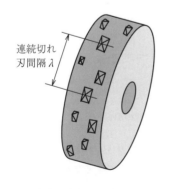
（a）　連続切れ刃間隔

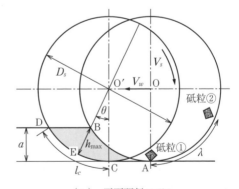
（b）　平面研削モデル

図3.24　研削状態のモデル化

領域 ABDC が砥粒②によって除去される（図は工作物を固定した系で描いている）。ここで，弧 CD の長さを**接触弧長さ**（contact arc length）l_c，BE は**砥粒切込み深さ**（grain depth of cut）の最大値で，**最大砥粒切込み深さ**（maximum grain depth of cut）h_{max} と定義する。l_c と h_{max} は研削状態を支配する重要な因子である。a を切込み，D_s を砥石半径とすると

$$l_c \cong \sqrt{aD_s}$$

$$h_{max} = BD\sin\theta = \left(V_w \cdot \frac{\lambda}{V_s}\right)\sin\theta \cong 2\lambda \frac{V_w}{V_s}\sqrt{\frac{a}{D_s}}$$

と計算できる。

図 3.25 に示すように，h_{max} が大きいと，砥粒1個にかかる研削抵抗が大きくなる。また，砥粒の破砕や脱落が起こりやすくなる。逆に h_{max} が小さい場合は砥粒の摩耗が進行しても破砕や脱落が起きにくく，目づまりや目つぶれの傾向となりやすい。また，l_c が大きくなると砥粒1個が連続して切削することになり，切れ刃での温度上昇が大きくなる。l_c と h_{max} がともに大きい場合は，高能率な加工となるが，研削抵抗の増大や過大な研削熱の発生につながる。

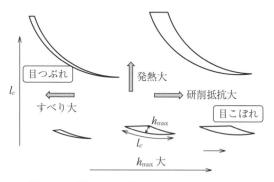

図 3.25 砥粒の切削断面形状と加工状態の関係

h_{max} の値は，研削条件である V_w，V_s，a，D_s と連続切れ刃間隔 λ に依存している。連続切れ刃間隔 λ は，砥石の粒度，組織，結合度や，ドレッシングの条件によって変化する。

3.5.2 研削状態と加工面層への影響

実際の砥粒切れ刃の形状はさまざまであるが，ここではその形状を四角錐と仮定する。一つの切れ刃は，円弧上を移動しながら工作物上に溝状の加工痕を形成する。砥石表面には円周方向と砥石幅方向に多数の切れ刃が存在しているので，それらがつぎつぎに工作物表面を切削しながら通過していくことにより，**図 3.26**（a）のような 3 次元的な研削面を形成していく。砥石が通過した部分が仕上げ面となり，砥石の送り方向に垂直な断面を図示すると図（b）のようになる。この砥粒切れ刃が通過した条痕の粗さが仕上げ面の粗さとなる。高さのそろった切れ刃がより多く作用することにより，優れた粗さとなる。

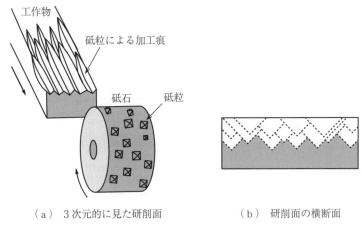

（a） 3 次元的に見た研削面　　　（b） 研削面の横断面

図 3.26　研削面の創成過程

また，研削では一般に背分力（加工力の加工面に垂直な成分）が特に大きいので，これにより工作物や工具が弾性変形し，その分の削り残しが生じる。その影響を取り除くために，仕上げ工程で切込みを増やさずに何度も繰り返して火花が出なくなるまで加工を行う。これを**スパークアウト**（spark out）という。これにより寸法誤差を小さく抑えることができる。

砥石の表面の状態は自生作用により変化していくが，それに伴って仕上げ面粗さは**図 3.27** に示すように推移する。目こぼれを起こすと連続切れ刃間隔が

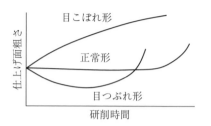

図3.27 砥石表面の状態と仕上げ面粗さの変化

大となり，粗さは増大する．目つぶれを起こすと，砥粒先端が平坦となるとともに連続切れ刃間隔が小となるため粗さは小さくなるが，次第に切れ味が悪くなり粗さは増大する．砥石の種類，研削比，ドレッシングからつぎのドレッシングまでの間隔（砥石寿命）の設定，ドレッシング条件などを総合的に判断する必要がある．

研削加工では，非常に高い速度でしかもすくい角が負の切れ刃で切削することから，切削部分の温度は非常に高温になる．鉄鋼材料の研削加工では，切りくずは赤熱した火花となって飛散する．加工表面の温度が高温になると薄い酸化膜が生成し，種々の色の焼けが観察される．焼けの色は酸化膜の厚さが増すに従って淡黄色，褐色，紫，青，淡青と変化する．

加工面が高温になるとともに，砥粒切れ刃によって切削される際には加工面側にも塑性変形が生じる．塑性ひずみは表面に近いほど大きく，大ひずみにより結晶粒が微細化したり相変態したりする．表面に微細な割れが生じることもある．このような加工による影響層を加工変質層と呼ぶ．研削表面下層の状態を図3.28に示す．

加工面層には，変形と温度変化により残留応力が発生する．研削加工面の残留応力生成のメカニズムを図3.29に示す．切削作用によって表面層で引張り，内部で弱い圧縮の残留応力が発生する．また，研削時に高温となった後に室温まで低下する際の体積収縮による引張残留応力が作用する．また切削しない砥粒によっては，押しならしや掘り起こしに起因する圧縮残留応力も生じると考えられる．それらの総和として研削面は一般的には引張残留応力となるが，切れ味のよい cBN 砥石では圧縮残留となる場合があることも知られている．

演 習 問 題

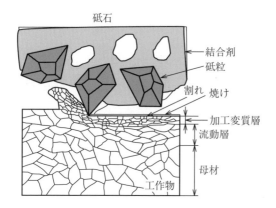

図 3.28 研削表面下層の状態

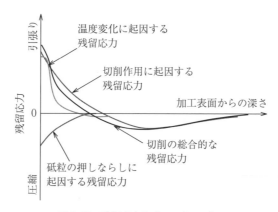

図 3.29 残留応力生成のメカニズム

演 習 問 題

〔3.1〕 切削加工と研削加工の相違点について列挙せよ。
〔3.2〕 一般砥粒と超砥粒の違いと，それぞれの用途について調べよ。
〔3.3〕 砥石の自生作用について述べよ。
〔3.4〕 研削加工で高硬度な材料を加工できる理由を述べよ。
〔3.5〕 円筒研削と心なし研削の違い，およびそれぞれの方法で製作する部品の例を調べよ。

3. 研 削 加 工

〔**3.6**〕 直径が小さく深い穴内面を研削する場合に生じうる問題について列挙せよ。

〔**3.7**〕 研削砥石は加工により摩耗していく。加工の寸法精度を確保するために必要な対応について述べよ。

〔**3.8**〕 研削面の粗さを小さくするにはどのような点に留意すればよいか。

〔**3.9**〕 加工変質層が生成する理由について，力学的な観点と熱的な観点から説明せよ。

4章 研磨加工

◆ 本章のテーマ

研磨加工は研削加工と同様に砥粒を用いる加工である。研磨加工の加工能率は研削加工の約 $1/100 \sim 1/10$ 程度と低いが，工作物表面を極微量ずつ除去することにより加工面の粗さは小さく，加工変質層を残さない加工も可能である。本章では研磨加工の特徴と種類，加工機構について学ぶ。

◆ 本章の構成（キーワード）

4.1 研磨加工の特徴と種類
　　　圧力転写方式，固定砥粒研磨法，遊離砥粒研磨法，自由砥粒研磨法

4.2 固定砥粒研磨法
　　　ホーニング，超仕上げ，ベルト研削，テープ研磨

4.3 遊離砥粒研磨法
　　　ラッピング，ポリシング，CMP，超音波加工

4.4 自由砥粒研磨法
　　　噴射加工，アブレシブウォータジェット加工，バレル研磨，粘弾性流動研磨，磁気研磨

◆ 本章を学ぶと以下の内容をマスターできます

☞ 研磨加工の種類

☞ 固定砥粒研磨法，遊離砥粒研磨法，自由砥粒研磨法の特徴と加工機構

4. 研 磨 加 工

4.1 研磨加工の特徴と種類

4.1.1 研磨加工の特徴

切削加工や研削加工よりもより優れた表面粗さや加工精度で加工する場合や，それらと同時に加工変質層を除去する目的で砥粒を用いたいわゆる"磨く"加工が，研磨加工である。切削加工や研削加工は，工作機械の運動に応じて工具の動いた軌跡を加工面に転写して表面形状を創成する，**運動転写方式**（motion copying principle）である。例えば，研削盤で平面を加工する場合には，テーブルが直線往復運動する精度が加工される平面の精度となる。一方，研磨加工では，工具を工作物に押し付け，加工面自体によって案内されながら工具と干渉する部分が除去される，**圧力転写方式**（pressure copying principle）の加工である。砥粒は加工液とともに加工点に送り込まれ，間接工具によって与えられた押し付け力と運動エネルギーによって，被加工物表面を脆性的に破砕したり，塑性的に引っかき変形を与えて材料を除去することを繰り返して，所定の表面が創成される。

研削加工と研磨加工は，砥粒を用いる点では同じであるが，研磨加工の加工能率は研削加工の約 1/100〜1/10 程度と低い。しかし，研磨加工面の粗さは小さく，加工変質層を残さない加工も可能である。

4.1.2 研磨加工の種類

研削と同じように砥粒を固めた固定砥粒を用いるものを**固定砥粒研磨法**（fixed abrasive processing）といい，これにはホーニング，調子上げ，ベルト研削がある。一方で砥粒を積極的には固定せず，工具（間接工具）との間に砥粒を介在させて加工を行うものを**遊離砥粒研磨法**（loose abrasive processing）といい，これにはラッピング，ポリシングがある。さらに工具を用いない**自由砥粒研磨法**（free abrasive processing）には，砥粒を流体とともに工作物に作用させて加工を行うブラストや噴射加工，多量の砥粒の中に工作物を入れて攪拌するバレル研磨などがある。

4.2　固定砥粒研磨法

4.2.1　超仕上げとホーニング

ホーニング（honing）は，精密中ぐり，研削などによって前加工された円筒内外面，ときには平面に対して，真円度や真直度の改善を図るために用いられる固定砥粒工具による研磨加工である。エンジンシリンダ内面の仕上げ加工を行うために開発された。その加工原理の要点は，**図4.1**に示すように，棒状のホーニング砥石をホーニングヘッド外周に配置し，所定の圧力で加工面に押し付けながら円筒面に倣っての回転運動と往復摺動運動を連動させて加工を行う，という点にある。加工面にはクロスハッチのテクスチャパターンが形成され，油溜(ゆだ)まりとして機能するなど摺動面として有効である。

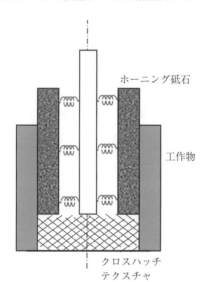

図4.1　ホーニングとクロスハッチテクスチャ

超仕上げ（super finishing）は，ホーニングに比べ往復運動の小さな振幅と高いサイクル数の下で，比較的結合度が低く軟らかい細粒度（粒度280〜1500番）の砥石を低圧（$0.5〜3\times10^5$ Pa）で押し付け，短時間で円筒状工作物の外周を鏡面に仕上げる加工方法である（**図4.2**）。これにより耐摩耗性・疲労強

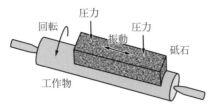

図 4.2　超仕上げ

度などが改善される。超仕上げの加工メカニズムはつぎのように考えられている。加工初期は工作物の表面粗さが大きく，被加工面の凸部は砥粒と干渉し良好に切削除去されていく。工作物表面が平滑になるにつれて砥石は次第に目づまりの状態となって切れ味は低下するが，砥粒切込み深さの小さい状態で加工することになり，表面を鏡面に仕上げている。つぎの工作物の加工に移ると，加工面の大きな凸部によりドレッシングされる状態となり，切れ味が回復する。これら一連の工程を繰り返しながら加工が継続される。

　自動車用などのエンジンのクランクピン，クランクジャーナル，タービンロータシャフトなどの加工に適用されている。

4.2.2　ベルト研削とテープ研磨

　ベルト研削（belt grinding）は，工具である研削（研磨）ベルトを高速回転駆動して研削を行うものである。研磨布紙は，各種材質の基材（布，紙，ポリエステルなど）に接着層を介して砥粒を塗布した研磨工具である。砥粒の塗布時に電圧を加えることにより鋭角な部分が切れ刃となるように配列すること

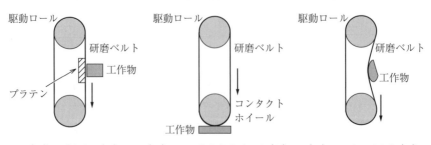

図 4.3　ベルト研削盤の基本構造

4.2 固定砥粒研磨法

図 4.4 ベルトによる仕上げ加工

表 4.1 テープ研磨の種類と適用範囲[1]

加工物形状	研磨方式	対象部品
R 面		磁気ヘッド VTR ヘッド MR ヘッド
凹凸面		各種凹凸レンズ 非球面レンズ 光ファイバフェルール 自動車パーツ
円板平面		CD，DVD用スタンパ研磨 自動車パーツ 半導体，シリコン，デバイス
平　面		PDP，LCD，EL 基板 薄膜，厚膜基板 多層基板，ビルドアップ セラミック基板 LCD セル板クリーナ
面取り		LCD 基板 各種ガラス基板 シリコンウェーハ 多層基板
外　径		シャフト カムシャフト クランクシャフト 小径シャフト
内　径		シャフト内径 テーパ内径 段付き内径

で，切れ味を向上させている。研磨布紙を裁断し，ベルト状に接合したものが研削（研磨）ベルトである。寿命に達した後のベルトは，切れ刃の再生（ドレッシング）を行わず，交換する。ベルト研削盤の基本構造を**図4.3**に示す。走行するベルトのどの位置で工作物を加工するかによって方式が異なる。ガスタービンエンジンのタービン翼をボールエンドミルで切削した後の仕上げ工程などに使われている（**図4.4**）。

　テープ研磨（tape finishing）は，より微細な砥粒をフィルム状のシートの表面に固着させたものを使う研磨である。ベルト研削と異なり，研磨テープでは加工点にはつねに新しいテープが供給され，基本的に使い捨てとなる。したがって，目づまりの問題が回避できる。テープはベルトよりも薄く柔軟性に富む基材を用いており，曲面でも精度のよい加工が可能である。後述の遊離砥粒による研磨に比べて研磨の能率が高いので，**表4.1**のような分野に適用されている。

4.3 遊離砥粒研磨法

　遊離砥粒研磨法は，微細な砥粒（粒径数十 μm～数 nm）を分散させた液状，噴霧状，ペースト状スラリーなどを用いる研磨加工法の総称である。

4.3.1 ラッピングとポリシング

　遊離砥粒研磨法において，粗面加工を**ラッピング**（lapping），仕上げの鏡面加工を**ポリシング**（polishing）と呼ぶ。ラッピングとポリシングは代表的な遊離砥粒加工であり，研磨剤を介して加工物と工具とを擦り合わせることにより加工が進む。スポンジにクリームクレンザーを含ませて鍋を磨くのと同じで，クリームクレンザーが砥粒が分散した研磨液（スラリー），スポンジが工具ということになる。クレンザーでは，粒径数十 μm 程度の炭酸カルシウムが研磨剤として含まれている。ラッピングが形状精度を確保することを主目的とするのに対し，ポリシングではさらに表面を平滑鏡面化することを目的とする。

4.3 遊離砥粒研磨法

表 4.2 に，ラッピングとポリシングの相違を整理して示す。ラッピングでは，砥粒の寸法が数十 μm 前後の大きさで，砥粒の種類としては，ダイヤモンド，酸化アルミニウム，炭化ケイ素などの一般砥材に加え，酸化鉄（ベンガラ）や酸化クロム，シリカ，酸化セリウム，酸化マグネシウムなどが用いられる。加工液には，水，各種鉱物油や植物油が用いられる。また，乾式ラッピングによる仕上げ面粗さは，湿式の場合よりも微細で光沢鏡面が得られる。

表 4.2 ラッピングとポリシングの特徴

	ラッピング	ポリシング
加工状態	加工圧力／ラップ（鋳鉄など硬質材料）／砥粒／工作物；加工圧力／ラップ（鋳鉄など硬質材料）／砥粒／工作物／クラック／破砕片／切削による切りくず	加工圧力／ポリッシャ（軟質材料）／工作物／切削による切りくず
砥粒の寸法	数十 μm から数 μm	数 μm 以下
工　具	硬質ラップ（鋳鉄など）	軟質ポリッシャ
砥粒の保持方法	転　動	ポリッシャによる弾塑性的保持
加工面の状態	梨　地	鏡　面
主目的	形状精度の確保	平滑鏡面化

ラッピングにおいて，砥粒は一時的に硬質の工具の一部にそのエッジが保持され，砥粒の反対側のエッジは被加工物に押し込まれた状態となる。工具と工作物との相対運動により，砥粒が転動して工作物表面を微細に切削する。また，砥粒のエッジが工作物に押し込まれることにより，脆性的に微細なクラックが生じて破砕する。場合によっては加工液中の成分と化学反応し，工作物表面が微小に除去される。

ポリシングでは，ラッピングに比べると微細な砥粒が用いられ，軟質なポリシャとともに使われる。例えば，ガラスのポリシングでは，0.1 μm 前後の酸

化セリウム，ベンガラ，シリカなどの比較的軟質微細な砥粒と，ピッチ，ワックス，合成樹脂，人工皮革などの軟質工具が使用される。砥粒は定盤面に埋め込まれやすくなり，脆性破壊でなく，マイクロ切削により加工が進行する。

砥粒加工の様式と仕上げ面粗さについて図 4.5 にまとめる。

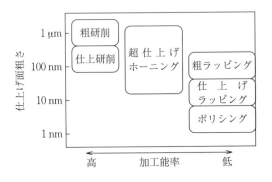

図 4.5 砥粒加工の様式と仕上げ面粗さ

4.3.2 CMP

半導体 LSI デバイスの製造プロセスでは，写真技術を応用したリソグラフィー技術によって配線や半導体を形成する。その微細化は年々進んでおり，微細パターンのリソグラフィー技術において必要な焦点深度（ピントが合う範囲）を得るために，デバイス表面を高精度に平坦化することが必要不可欠になっている。図 4.6 に示すように，シリコンインゴットから切り出したシリコンウェーハの平坦化，配線のための銅薄膜との絶縁のための Si 酸化膜を多層化する際の Si 酸化膜の平坦化，ダマシン法（絶縁膜に配線溝を作成して配線用の導電層をめっきして堆積した後，配線溝より上層部分を研磨して取り除き，平坦化する手法）での研磨，配線表面の平坦化などにおいて，**CMP**（chemical mechanical polishing）と呼ばれる研磨が用いられている。砥粒の機械的作用による除去と，雰囲気の液体あるいは気体の化学的除去とを複合させた研磨法である。スラリーとして，金属用は酸性液にアルミナ微粒砥粒，Si 用はアルカリ性のコロイド状シリカが用いられる。工具にはポリウレタン製の研磨パッドが用いられる。例えば，スマートフォンや PC を製造するにもこの

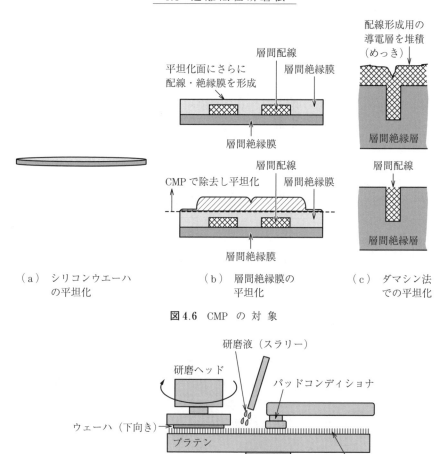

(a) シリコンウエーハの平坦化　　(b) 層間絶縁膜の平坦化　　(c) ダマシン法での平坦化

図4.6　CMP の対象

図4.7　CMP 装置

CMP の研磨技術が活躍している。**図 4.7** に CMP 装置の構成を示す。

4.3.3　超音波加工

図 4.8 に示すように，工具に振動周波数 15～50 kHz，振幅数十 μm 程度の超音波振動を与え，工具先端と工作物の間に砥粒と加工液の混合物（スラリー）を供給すると，砥粒の衝突によって微細粉砕が行われ除去加工が行われる。こ

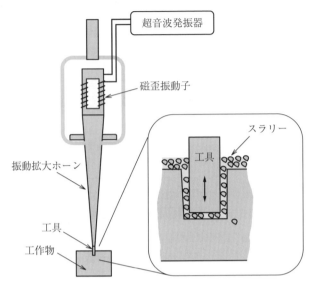

図 4.8 超音波加工機

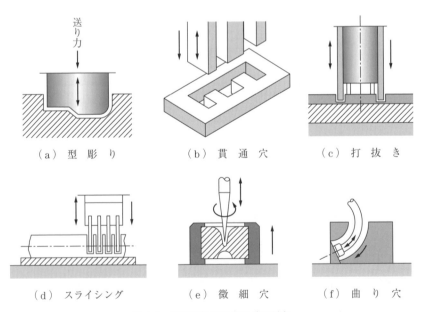

図 4.9 超音波加工の主な適用対象

れを**超音波加工**（ultrasonic machining）と呼ぶ。図4.9のように，工具と同じ形の穴や打抜きなどに用いられる。ガラス，セラミックス，ダイヤモンド，貴石類，フェライト，シリコン，ゲルマニウムのような脆性破壊しやすい材料に最も有効であり，超硬合金，耐熱鋼，焼入れ鋼などにも用いられる。

4.4　自由砥粒研磨法

4.4.1　噴射加工，アブレシブウォータジェット加工

砥粒などの固体粒子を高速で噴射し，表面の仕上げ加工をしたり，あるいは表面改質する方法を**噴射加工**（blasting）という。噴射加工には，**ショットピーニング**（shot peening，0.2～4 mmの球状鉄粒子使用），**グリットブラスティング**（grit blasting，鋳鉄の小球を粉砕した粒子使用），**サンドブラスト**（sand blasting，海砂を使用），**液体ホーニング**（wet blasting，微細砥粒を液体に混ぜ，高速で噴射）などの方法がある。高速の砥粒がもつ運動エネルギーは，工作物への衝突時に工作物の弾性変形，塑性変形，切削作用，クラックの伸長などに消費される。延性材料の場合，斜めに入射すると砥粒が切削して切りくずとして除去され，直角に近い入射の場合には塑性変形して側面が盛り上がる。脆性材料の場合には表面に微細なクラックが発生するが，多数の砥粒がつぎつぎに衝突することにより，クラックが交差して除去される。（**図4.10**）

噴射加工の一つで，近年航空機のCFRP製品の輪郭切断加工などに用いられるものに**アブレシブウォータジェット加工**（abrasive waterjet cutting）があ

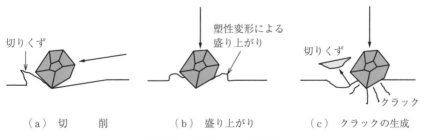

図4.10　噴射加工の加工原理

る。図 4.11 に加工装置の概要を示す。水に砥粒を混ぜて 400 MPa 程度に加圧し，直径 0.3 mm 前後のウォータノズル（ダイヤまたはサファイヤ製）から超高圧高速水流として吐出する。砥粒は 50〜300 m/s に加速され，その運動エネルギーが工作物に投入されて塑性変形あるいはクラック・切りくずが生じ，その結果として材料が除去される。金属，プラスチック，木材，布，岩石などの加工に適用されている。

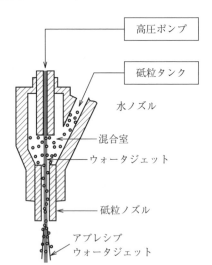

図 4.11 アブレシブウォータジェット加工

4.4.2 バレル研磨と粘弾性流動研磨

バレル研磨（barrel polishing）は多数の工作物をメディア（研磨石，研磨剤），コンパウンド（研磨助剤）とともに多角形の箱（バレル）に入れて回転や振動をさせ，研磨する方法である（図 4.12）。バレルが動く際に，メディアと工作物に相対的に擦れ合うことで研磨が行われる。工作物のバリや角を落としたり，表面を平滑に仕上げるために使用される。加工能率は高くないが，小物の工作物であれば一度に大量の加工が可能で，複雑な形状にも対応できるため生産的かつ経済的な加工が可能である。

工具が入りにくい管の内部や複雑形状のバリ取り，平滑仕上げに使われる研

4.4 自由砥粒研磨法

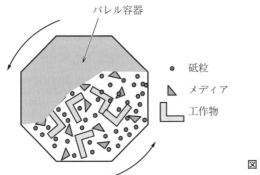

図 4.12 バレル研磨

磨方法として，**粘弾性流体研磨**（viscoelastic abrasive flow polishing）がある。砥粒を，メディアと呼ばれる半固体状の粘度の高い樹脂材料に混ぜた粘弾性流体を用いて加工するもので，図 4.13 のように外部から圧力を与え，加工を施す箇所で砥粒を含むメディアと工作物が圧接移動することにより，砥粒が微小に切削を行い，表面粗さの改善，バリ取り，エッジ部への R 付けなどが行える。

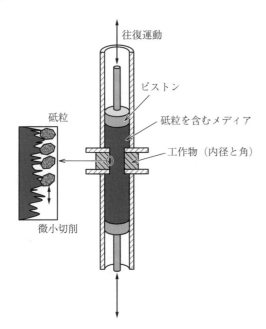

図 4.13 粘弾性流体研磨

4.4.3 磁気研磨

磁気研磨（magnetic abrasive finishing）は，磁性研磨剤（例えば鉄粉などの磁性粒子と砥粒）を用い，磁場から受ける磁気力を加工力として利用する研磨方法である。NS 磁極間に磁性砥粒を入れると，磁性砥粒が磁力線に沿ってブラシ状に整列する。図 4.14 のように，この状態で相対的に工作物との間に運動を与えることにより，研磨が可能となる。平面だけでなく，円筒外面，パイプ内面，入り組んだ形状などの加工が可能である。外径だけでなく，内径研磨にも適用できる。作用する磁気力は小さくまた制御可能で，かつ均一に作用するので仕上げ面の粗さは良好である。

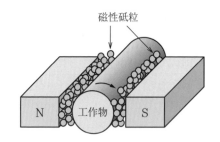

図 4.14　磁性砥粒を用いた磁気研磨

演習問題

〔4.1〕圧力転写方式と運動転写方式の違いを説明せよ。

〔4.2〕円筒内面をホーニング加工する際に，良好な円筒度で加工するためにはどのような工夫が必要か調査せよ。

〔4.3〕ラッピングとポリシングの違いとそれぞれの特徴を説明せよ。

〔4.4〕ラッピングでは，加工機械の精度よりも高い形状精度の加工が可能である理由を述べよ。

〔4.5〕半導体 LSI デバイスの製造プロセスでは，CMP 以外にもいくつかの種類の砥粒加工が用いられる。どのような砥粒加工が適用されているかを調査せよ。

〔4.6〕アブレシブウォータジェット加工で加工されている製品を調査せよ。

〔4.7〕バリ取りが重要な理由を調査せよ。

引用・参考文献

2章

1) 株式会社滝澤鉄工所：http://www.takisawa.co.jp/product/fs/tal.html (2017年7月現在)

2) 株式会社イワシタ：http://www.iwashita-net.com/product/mmachine/general/vertical_02 (2017年7月現在)

3) 京セラ株式会社：http://www.kyocera.co.jp/prdct/tool/product/milling/mfwn/ (2017年7月現在)

4) 株式会社キラ・コーポレーション：http://www.kiracorp.co.jp/product/product-ball/product-ball-03/544.html (2017年7月現在)

5) 株式会社田辺鉄工所：http://www.hidaka.gr.jp/retrofit/retro61.html (2017年7月現在)

6) 山梨大学機械工場：http://www3.ms.yamanashi.ac.jp/obi/21c/setusaku115.html (2017年7月現在)

7) 星 光一：構成刃先とその対策に就て，日本機械学会論文集，**5**巻，18号，pp.205〜216 (1939)

8) M.E. Merchant: Mechanics of the Metal Cutting Process. II. Plasticity Conditions in Orthogonal Cutting, Journal of Applied Physics, Vol.**16**, pp.318〜324 (1945)

9) J. Mackerle: Finite Element Analysis and Simulation of Machining: An Addendum a Bibliography (1996-2002), International Journal of Machine Tools and Manufacture, Vol.**43**, pp.103〜114 (2003)

10) S. Kobayashi, E.G. Thomsen: Trans. ASME, Vol.**8**, pp.252 (1959)

11) 中山一雄，田村 清：切削抵抗における寸法効果—軽切削の研究—，精密機械，**31**巻，3号，pp.240〜249 (1965)

12) 益子正巳：金属切削に関する基礎的研究（第2報），日本機械学会論文集，**22**巻，118号，pp.371 (1956)

13) J. Chae, S.S. Park and T. Freiheit: Investigation of Micro-cutting Operations, International Journal of Machine Tools & Manufacture, Vol.**46**, pp.313〜332 (2006)

14) X. Liu, R.E. DeVor, S.G. Kapoor and K.F. Ehmann: The Mechanics of Machining at the Microscale: Assessment of the Current State of the Science, Transactions of the ASME, Journal of Manufacturing Science and Engineering, Vol.**126**, pp.666〜

678 (2004)

15) M. Kronenberg: Grundzüge der Zerspanungslehre. Theorie und Praxis der Zerspanung für Bau und Betrieb von Werkzeugmaschinen, Grundzuge der Zerspanungslehre, Springer (1954)

16) 中島利勝，鳴瀧則彦：機械加工学，コロナ社 (1983)

17) 海老原敬吉，益子正巳：精密工作・測定法及び切削理論，マシナリー臨時増刊，7号 (1951)

18) 例えば E. Budak, Y. Altintas and E.J.A. Armarego: Prediction o Milling Force Coefficients from Orthogonal Cutting Data, Transactions of the ASME, Vol.118, pp.216～224 (1996)

19) E. Usui, A. Hirota, M. Masuko: Analytical Prediction of Three Dimensional Cutting Process —Part1 Basic Cutting Model and Energy Approach, Transactions of ASME, Journal of Engineering for Industry, Vol.100, pp.222～228 (1978)

20) T. Matsumura, T. Obikawa, T. Shirakashi and E. Usui: On the Development of Cutting Process Simulator for Turning Operation, Proceedings of the 6th International ESAFORM Conference on Material Forming, pp.519～522 (2003)

21) 加藤　仁，山口勝美，山田又久：工具，被削材の境界面に働く応力分布，日本機械学会論文集（第3部），37巻，298号，pp.1228～1237 (1971)

22) 白樫高洋，臼井英治：工具すくい面の摩擦特性，精密機械，39巻，9号，pp.966～972 (1973)

23) M.C. Shaw: Metal Cutting Principles, Oxford Science Publication, New York (1984)

24) E. Usui, T. Shirakashi, T. Kitagawa: Analytical Prediction of Three Dimensional Cutting Process —Part3 Cutting Temperature and Crater Wear of Carbide Tool, Transactions of ASME, Journal of Engineering for Industry, Vol.100, pp.236～243 (1978)

25) G. Boothroyd: Photographic Technique for the Determination of Metal Cutting Temperatures, British Journal Applied Physics, Vol.12, pp.238～242 (1961)

26) E.G. Loewen and M.C. Shaw: On the Analysis of Cutting-Tool Temperatures, Transactions of ASME, Vol.76, pp.217～231 (1954)

27) J.C. Jaeger: Moving source of heat and the temperature at sliding contacts, Proceedings of the Royal Society of New South Wales, Vol.76, pp.203～224 (1942)

28) B.T. Chao and K.J. Trigger: Temperature Distribution at the Tool-Chip Interface in Metal Cutting, Transactions of ASME, Vol.7, No.2, pp.1107～1121 (1955)

29) B.T. Chao and K.J. Trigger: Temperature Distribution at Tool-Chip and Tool-Work

Interface in Metal Cutting, Transactions of ASME, Vol.**80**, No.1, pp.311〜320 (1958)

30) S. Patankar: Numerical Heat Transfer and Fluid Flow, Hemisphere Publishing Co. (1980)

31) E. Usui, T. Shirakashi, T. Kitagawa: Analytical Prediction of Tool Wear, Wear, Vol.**100**, pp.129〜151 (1984)

32) E. Rabinowicz, L.A. Dunn and P.G. Russel: A Study of Abrasive Wear under Three-body Condition, Wear, Vol.**4**, pp.345〜355 (1961)

33) 松村　隆, 石井章宏, 臼井英治：一般円筒形状部品の旋削作業における加工精度補償システム, 日本機械学会論文集（C編）, **65** 巻, 640 号, pp.4876〜4881 (1999)

34) V. Solaja: Wear of Carbide Tools and Surface Finish Generated in Finish Turning of Steel, Wear, Vol.**2**, pp.40〜58 (1958)

35) 垣野義昭, 奥島啓弐：被削材温度分布の残留応力に及ぼす影響の理論的解析, 精密機械, **35** 巻, 12 号, pp.775〜779 (1969)

36) 土田幸滋, 川田雄一, 児玉昭太郎：旋削による残留応力の分布形に関する研究, 日本機械学会論文集, **40** 巻, pp.1563〜1575 (1974)

3章

1) JIS B0105：工作機械—名称に関する用語 (2012)
2) 三菱日立パワーシステムズ株式会社：MHPS ガスタービン M501J/M701J, https://www.mhps.com/jp/catalogue/pdf/gasturbines_j-series.pdf
3) J47 Ceramic Blades —Turbine Engines: A Closer Look: https://www.youtube.com/watch?v=1Vzbd3kO7kU
4) Benex 社：http://www.benexcorp.com/html/cnc-consulting.html
5) 渡辺半十：精密機械, **18** 巻, 8 号, p.258 (1952)

4章

1) 株式会社サンシン：ラッピングフィルムによる研磨加工例, http://www.kksanshin.co.jp/tape-polishing

演習問題解答

1章

〔1.1〕 切削加工や研削加工では，材料を分離し除去するための加工力が，工具や被削材に作用する。その結果，それぞれが力学的に変形し，所定の切込みが与えられない。また，その力学的エネルギーが除去領域において熱エネルギーとなり，工具，材料，切りくずの温度を上げる。その結果，熱変形が生じる。

〔1.2〕 研削は砥粒が切れ刃であり，その大きさは小さいため，微小切込みで材料を除去する。そのため，一般的な除去加工では，切削に比べて形状精度と表面粗さがよい。しかし，砥石上の砥粒の形状，大きさ，配列を人工的に制御することが難しく，それぞれの砥粒における材料の除去状態は異なる。そのため，微視的には仕上げ面は一様になっていない。一方，切削における工具の形状は人工的に制御されているため，加工条件を制御することで一様な仕上げ面が得られる。近年では，微細加工技術も進み，切削でも研削と同様の微小切込みで制御できるようになり，良好な仕上げ面が得られている。

〔1.3〕 ニッケル基耐熱合金であるインコネルは，航空機のエンジンやタービンなどに使用されている。高温下で機械的強度が高く，また高速で切削すると，チタン合金のように鋸歯状の切りくずが生成される。その結果，加工力が大きくなるが，さらに加工硬化性が高いため，対象作業の前加工で仕上げられた面が本来の材料より硬くなる。この結果は，工具の切削および非切削領域の境界部における摩耗を促進させる。そして，仕上げ面と接触する切れ刃の境界における摩耗は，仕上げ面粗さを悪化させる。

〔1.4〕 炭素繊維強化プラスチックは炭素繊維に樹脂を含浸させた材料であり，炭素繊維によって機械的強度を高めている。炭素繊維は硬くて脆い硬脆材料であり，樹脂は粘弾性材料であるため，相反する性質を有する複合材料である。例えば，切削加工においては，炭素繊維の引っかきによって工具が著しく摩耗し，寿命が短い。また，穴や溝を加工すると，炭素繊維とともに母材が剥離して仕上げ面が悪化することがある。

演習問題解答

〔1.5〕 **解表 1.1** 参照。

解表 1.1

	切　削	研　削	レーザ加工	エッチング	研　磨
加工制御性	数値制御	数値制御	数値制御	フォトマスク	―
微細加工性	工具形状	砥石形状	レーザ径	マスク分解能	―
材料依存性	工具材質	砥粒材質	レーザ光源	化学溶液	研磨剤
表面粗さ[*1]	10 nm-1 μm	10-100 nm	10 nm-1 μm	10-100 nm	0.1-10 nm
加工能率[*2]	高	高	高	低	低
コスト[*3]	低	低	高	高	高
環境負荷	低	低	低	高	高

[*1] 加工条件によって達成可能な表面粗さは変わる。ここでは，概算値として示している。
[*2] 単品加工における能率を対象とし，バッチ処理を除く。
[*3] 設備投資や付帯作業を含む。

〔1.6〕 炭素繊維強化プラスチックは軽量なため，構造部品の駆動エネルギーの効率が高く，また駆動速度の向上を図れる。また，減衰性が高く低熱膨張であるため，工作機械構造の振動や熱変形が抑制され，精度や仕上げ面粗さが改善される。

〔1.7〕 駆動軸が増えることにより，複雑形状の部品を加工できる。金型などにおける曲面加工も可能となる。また，複数の加工機能を一つの工作機械に搭載することで，1回の段取りで複数工程を実施できるため，加工時間が短縮し，工作物の脱着による精度劣化がなくなる。ただし，多軸複合加工機は価格が高くなるため，導入においては，稼働率を踏まえた経済性を評価する必要がある。

〔1.8〕 センサによって力，温度，変位（振動）などを測定し，信号処理によって加工状態を認識する。加工環境では，ノイズなどの外乱信号とともに切りくず，粉塵，油などの汚れが多い。そのため，劣悪環境下でも作動可能で信頼性の高いセンサが必要である。また，実時間（リアルタイム）で測定するために，センサと信号処理の応答性が必要となる。信号処理では，センサからの信号の外乱要素を取り除く技術と，加工状態を正確に把握するために信号の特徴抽出が必要である。

〔1.9〕 工具摩耗によって，工具の側面と被削材との接触領域が増えて加工力が増加する。そして，加工力が過大になると，工具や材料の振動を誘発することになる。また，接触による摩擦熱によって温度が高くなる。工具の大規模な欠損や折損では加工力が低下するが，小規模な欠け（チッピング）では，上記の摩耗と同様に加工力が増加する。このように工具の損傷は，加工力，振動，温度の変化により監視できる。

2章

〔**2.1**〕 式 (2.6) において，$\alpha = 5°$，$t_1 = 0.2\,\mathrm{mm}$，$t_2 = 0.43\,\mathrm{mm}$ として，せん断角 ϕ を求める。式 (2.14) において，$F_H = 452\,\mathrm{N}$，$F_V = 312\,\mathrm{N}$，$b = 1\,\mathrm{mm}$，$t_1 = 0.2\,\mathrm{mm}$ とし，式 (2.6) で得られたせん断角 ϕ を代入して，せん断面せん断応力 τ_s を得る。式 (2.16) で $F_H = 452\,\mathrm{N}$，$F_V = 312\,\mathrm{N}$，$\alpha = 5°$ として摩擦角 β を得る。以上より，$\phi = 25.8°$，$\tau_s = 590\,\mathrm{MPa}$，$\beta = 39.6°$ が得られる。

〔**2.2**〕 固体材料から分離された切りくずの裏面は新創成面であり，また，切削熱によってすくい面と切りくずとの界面の温度が高くなっている。そのため，切りくずの裏面と工具のすくい面の界面は活性化された状態であり，工具面に負荷する高い応力下においては付着摩擦状態となり，摩擦係数が大きくなる。

〔**2.3**〕 切削幅 b，切削厚さ t_1 に対するせん断面の面積は，せん断角 ϕ に対して，$bt_1/\sin\phi$ である。せん断応力を τ_s とすると，せん断力 F_{ss} は次式で与えられる。

$$F_{ss} = \tau_s \frac{bt_1}{\sin\phi}$$

すなわち，せん断角の増加とともにせん断面の面積が減少し，せん断力とともに切削力が低下する。

〔**2.4**〕 セラミックスは超硬合金よりも熱伝導率が低いため，熱の拡散が小さい。工具のすくい面と逃げ面における摩擦仕事によって切削熱が発生し，その界面が最も温度が高くなるが，熱伝導率の低い材料ではその熱の拡散が小さいため，表面近傍に熱が集中して切削温度が高くなる。

〔**2.5**〕 切削温度の工具摩耗に対する影響がきわめて大きいことは，切削速度 V に対する工具寿命 T の変化が大きいことであり，以下によって示される。

$$\left| \frac{dT}{dV} \right| = \left| \frac{-T^{n+1}}{nC} \right| = \infty$$

$n \to 0$ になると，上記を満たすことになる。

一方，切削温度に対して工具寿命がほとんど影響を受けない場合，工具摩耗は切削距離 L のみに依存する。したがって，T を切削時間とすれば

$$VT = kL$$

k は単位切削距離当りの摩耗量である。kL を切削作業における工具交換時の摩耗量 W とすると，これに達したときの切削時間 T が工具寿命である。すなわち，切削速度と工具寿命の関係は次式となる。

$$VT = W$$

これは，式 (2.69) の工具寿命方程式における $n = 1$，$C = W$ に相当する。

図 2.64 の $\ln T$ に対する $\ln V$ の関係において，n は直線の傾きである。上記のよう

に，工具寿命が切削温度に対して敏感に影響を受ける場合とまったく影響を受けない場合で n が0から1の範囲の値をとるから，工具の特性は図において傾き $0°$ から $45°$ までの範囲となる。なお，近年では，工具摩耗のメカニズムが複雑になると，図 2.64 のような単純な特性にはならないこともある。

〔2.6〕　逃げ面摩耗は，図 2.62（b）のように初期摩耗，定常摩耗，終期摩耗の過程で進行する。初期摩耗は，切れ刃が鋭利な状態における摩耗過程であり，工具と仕上げ面との接触が不安定な状態で進行する。したがって，工作機械，工具，被削材の振動に応じて，初期摩耗の大きさが変わる。すなわち，工作機械の特性や工具の取付け状態によって初期摩耗量が異なり，逃げ面摩耗を評価基準とした工具寿命に影響する。

なお，定常摩耗や終期摩耗では，逃げ面と仕上げ面との接触面積が大きくなるため，工具材料と被削材の組合せに対する摩耗特性に依存する。

〔2.7〕　工具交換時における逃げ面摩耗を 0.2 mm と設定すれば，それぞれの切削速度における切削時間は工具寿命である。したがって，式（2.69）に基づき，$V_1 = 100$ m/min，$T_1 = 80$ min，$V_1 = 200$ m/min，$T_1 = 5$ min として次式の関係となる。

$$\begin{cases} V_1 T_1^n = C \\ V_2 T_2^n = C \end{cases}$$

これにより $n = 0.25$，$C = 299$ となる。したがって $VT^n = C$ において，$V = 150$ m/min とすると，$T = 15.8$ min が得られる。

1 000 個の丸棒部品の加工において加工時間を最小にする切削速度は，1 個の部品においても同様である。したがって，式（2.86）により $V^* = 152$ m/min を得る。

〔2.8〕　構成刃先は，切れ刃先端部がある温度領域になると材料の一部の硬度が青熱脆性によって高くなり，それが付着することで切れ刃として作用する。すなわち，構成刃先は切れ刃先端部の温度と工具と切りくずの付着の制御により，これを消失できる。温度に関しては，（1）切削速度を上げる，（2）低熱伝導の工具材料を使用する，などで対応できる。付着に関しては，（3）潤滑性の高い切削液を使用する，（4）材料との親和性の低い工具材質またはコーティング材質を使用する，（5）刃先の応力を低下させるためにすくい角を大きくする，などの対応がある。

〔2.9〕　加工硬化性の高いステンレス鋼やニッケル基耐熱合金の切削では，仕上げ面の母材よりも硬度の高い加工硬化層が残る。逐次，切り込んで所定の寸法に仕上げる切削では，切削領域と非切削領域の境界部は，直前の切削工程によって仕上げられた加工硬化層を有する仕上げ面であるため，境界摩耗の進行が著しい。その結果，図 2.69（b）に示すように境界摩耗は仕上げ面を悪化させる。

この対策としては，切削中に切削領域と非切削領域の境界部を移動させるような

工具経路や，工具を使用することである。例えば，旋削の場合では，テーパ加工のように工具の切込みを変化させることで主切れ刃（横切れ刃）の境界摩耗が抑制される。一方，副切れ刃の境界摩耗に対しては，例えば，円形で回転可能な切れ刃を有する工具（ロータリ工具）を使用することで，境界摩耗が抑えられる。

▌ 3章

〔**3.1**〕 以下に列挙する。

・一般に，研削加工は切削加工よりも精度の高い加工が可能で，かつ硬度の高い工作物を加工可能である。

・一方で，砥粒の先端部分は切削工具に比べてすくい角が負となる形状になるから，加工力が大となる。

・研削加工の加工能率は，切削加工に比べて低い。

・切削工具が欠損すると継続使用できないが，研削加工では自生作用により切れ味を維持することが可能である。

〔**3.2**〕 「3.2.1 砥粒の種類」を参照のこと。

〔**3.3**〕 加工をつづけるうちに砥粒は摩耗したり，摩耗により切削抵抗が増えて破砕したりする。また，砥粒を結合する結合剤が破壊して砥粒が脱落することも起こる。脱落によって，これまで加工に関与していない新しい砥粒が表面に現れ，これまで加工していた砥粒に隣接する砥粒が切れ刃として削るようになる。このようにして，砥粒の破砕や脱落を伴いながら自動的に切れ味がよい状態に保たれることを自生作用という。

〔**3.4**〕 砥粒自体が高硬度であることに加えて，加工単位が小さいことと，自生作用により切れ味が保たれることが高硬度な材料を加工できる理由である。

〔**3.5**〕 一般に円筒研削では円筒形状の工作物をチャックなどで保持する必要があるが，心なし研削では受け板，研削砥石，調整車で定まる円断面に加工される。

心なし研削で製作する部品例：精密ピン，小径のギヤシャフト，小型ピストンなど小径のものが多い。

円筒研削で製作する部品例：モータ，コンプレッサ，金型用パンチなどの部品。印刷ロールや圧延機ロールなど。

〔**3.6**〕 砥石軸の太さと長さの制約により剛性が不足し，研削抵抗による弾性変形や振動により加工精度が低下しやすい。また，必要な砥石周速を得るために，数万〜10万 rpm の高速回転砥石軸を使う必要がある。

〔**3.7**〕 ツルーイング，ドレッシングを適時行い，砥石の切れ味を保つと同時に，砥石の形状と寸法を正確に測定する必要がある。

演 習 問 題 解 答　　　　　　　　　　　　151

〔3.8〕　一般に，研削砥石の粒度が小さく，連続切れ刃間隔が短いほど粗さは小さくなる。一方で，そのような砥石では目づまりが生じやすくなるため，軟らかい（結合度の低い）砥石が推奨されるとともに，適切にドレッシングを行う必要がある。また，仕上げ工程では切込みを増やさずに何度も繰り返して火花が出なくなるまで加工を行う（スパークアウトを行う）。

〔3.9〕　力学的観点：切削作用や，切削しない砥粒による押しならしや掘り起こしに起因して，加工面層で大変形が生じ，結晶粒が変形する。熱的な観点：研削時に高温となった後に室温まで低下する際に，相変態や白層が生じる。

4章

〔4.1〕　研磨加工は圧力転写方式の加工であり，工具を工作物に押し付け，工具は加工面自体によって案内されながら，工具と干渉する工作物表面が徐々に除去される。振動が生じてもその影響が加工面に現れにくい。また微小な切込みが可能である。一方，切削加工や研削加工の加工面の創成は運動転写方式によって行われる。工作機械の運動に応じて工具の動いた軌跡を加工面に転写して表面形状を創成する方式である。工作機械の精度よりも高い精度を得ることはできないため，工作機械の精度が重要となる。

〔4.2〕　ホーニング加工においてホーニング砥石が往復運動する際，砥石部分が円筒の外側に出る長さ（オーバートラベルと呼ばれる）により円筒内面の加工量が変化し，円筒度に影響する。オーバートラベルが小さすぎると穴端の加工量が小さくなり，穴端の穴径が小さくなる。一方オーバートラベルが大きすぎると穴端の加工量が大きくなり，穴端の穴径が大きくなる。したがって，適切なオーバートラベルを設定する必要がある。

〔4.3〕　ラッピングが形状精度を確保することを主目的とするのに対し，ポリシングではさらに表面を平滑鏡面化する。ポリシングでは砥粒のサイズは数 μm 以下とより小さく，ラッピングでは工具は硬質のものが用いられるのに対して，ポリシングでは軟質のものが用いられる。砥粒の作用状態も異なり，ラッピングでは砥粒の転動や工作物に押し込まれて表面が破砕することにより加工が進行する。一方，ポリシングではポリッシャにより弾性的に保持された砥粒が微細に切削する。

〔4.4〕　圧力転写方式の加工なので，工具は加工中の工作物表面に倣って動き，徐々に加工が進行するため。

〔4.5〕　シリコンインゴットから薄いウェーハにスライスする際には，砥粒を表面に固定したマルチワイヤソーが用いられる。その後，ウェーハ用の研削砥石を使って研削加工により平面加工が行われる。1枚のウェーハに多数の回路パターンを作製

した後，素子ごとに切り分けるダイシング工程では，ごく薄い切断砥石が用いられる。

〔**4.6**〕 航空機翼面の CFRP 部材，石材，石英ガラスの切断など。砥粒を用いないウォータジェット加工は，自動車部品のフロアカーペットや天井材，ドアなどの製造や，石膏ボード，化粧板，線香の切断に用いられている。

〔**4.7**〕 バリは材料を加工した際に加工面に残る不要な突起であるが，鋭い場合があるので安全対策上加工後速やかに除去することが望ましい。また，バリが残っているとその突起により寸法精度が低下する。つぎの工程でバイスやチャックに保持する際に正確に設置できない可能性があり，それによっても加工精度が低下する。以上のような問題を避けるためにバリ取りは重要である。

索　引

【あ】

圧　延
rolling　　　4

圧壊力
indentation force　　　43

アップカット
up-cutting　　　20

圧力切込み加工
controlled force machining　　　5

圧力転写方式
pressure copying principle　　　130

アブレシブウォータジェット加工
abrasive waterjet cutting　　　139

【い】

イオンビーム加工
ion beam machining　　　3

移動熱源
moving heat source　　　62

【う】

運動転写方式
motion copying principle　　　130

【え】

液体ホーニング
wet blasting　　　139

エッチング
photo chemical etching　　　4

延性モード
ductile mode　　　34

円筒研削
cylindrical grinding　　　103, 112

エンドミル切削
milling　　　18

【お】

送り分力
feed force　　　47

押出し
extrusion　　　4

【か】

かえり
burr　　　90

化学蒸着法
chemical vapor deposition　　　73

拡散摩耗
diffusion wear　　　81

加工変質層
① damaged layer
② affected layer　　　91, 126

風上法
up wind scheme　　　69

形削り
shaping　　　24

形直し
truing　　　122

【き】

機械加工
machining　　　2

機械的摩耗
mechanical wear　　　75

気　孔
pore　　　103, 106

ギヤ切削
gear machining　　　26

境界摩耗
① notched wear
② grooving wear　　　77

強制切込み加工
controlled depth machining　　　5

凝着摩耗
adhesion wear　　　81

切りくず
chip　　　5, 14

切りくず速度
chip flow velocity　　　31

切込み
uncut chip thickness　　　14, 30

き裂型切りくず
crack type chip　　　34

【く】

グリットブラスティング
grit blasting　　　139

クレータ摩耗
crater wear　　　76

グレード
grade　　　106

【け】

結合剤
bonding agent　　　103, 106

結合度
grade　　　106

研削加工
grinding　　　100

研削砥石
grinding wheel　　　103

研削比
grinding ratio　　　120

研磨加工
polishing　　　100, 130

【こ】

工　具
tool　　　5, 14

索　引

工具欠損
　tool failure　74

工具鋼
　tool steel　72

工具寿命
　tool life　78

工具寿命方程式
　tool life equation　79

工具分割法
　split tool method　57

工具摩耗
　tool wear　75

工作機械
　machine tool　5

工作物
　workpiece　5, 14

構成刃先
　built-up edge　35

高速度鋼
　high speed steel　72

固定砥粒加工
　fixed abrasive processing　100

固定砥粒研磨法
　fixed abrasive processing　130

コントロールボリューム
　control volume　68

【さ】

最小切取り厚さ
　minimum chip thickness　44

最大砥粒切込み深さ
　maximum grain depth of cut　124

材料加工
　material processing　2

サンドブラスト
　sand blasting　139

残留応力
　residual stress　92, 126

【し】

磁気研磨
　magnetic abrasive finishing　142

自生作用
　self-dressing　120

終期欠損
　wear out failure　75

終期摩耗
　rapid wear　77

自由砥粒研磨法
　free abrasive processing　130

主分力
　principal force　36, 47

焼　結
　sintered　72

正面研削
　face grinding　103

初期欠損
　early failure　75

初期摩耗
　initial wear　77

除去加工
　removal process　2

ショットピーニング
　shot peening　139

心なし研削
　centerless grinding　103, 115

心なし内面研削
　internal centerless grinding　116

シンニング
　thinning　21

親和性
　affinity　45

【す】

すくい角
　rake angle　30

すくい面
　rake face　30

すくい面摩耗
　crater wear　76

スパークアウト
　spark out　125

スラスト
　thrust　51

【せ】

成形加工
　forming　4

成形研削
　form grinding　117

静止熱源
　stationary heat source　64

脆性モード
　brittle mode　34

青熱脆性
　① blue brittleness
　② blue shortness　35

赤外線写真
　infrared photography　60

切削厚さ
　cutting width　29

切削温度
　cutting temperature　59

切削工具
　cutting tool　14

切削速度
　① cutting speed
　② cutting velocity　30

切削動力
　cutting power　58

切削動力計
　piezoelectric dynamometer　36

切削幅
　cutting width　30

切削比
　cutting ratio　31

切削力
　① cutting force　28
　② resultant cutting force　37

接触弧長さ
　contact arc length　124

索　引

セミドライ加工
semi-dry cutting　96

セラミック
ceramic　72

旋削
turning　14

センタレス研削
centerless grinding　103

せん断域
shear zone　30

せん断角
shear angle　31

せん断型切りくず
shear type chip　33

せん断速度
shear velocity　32

せん断ひずみ
shear strain　31

せん断ひずみ速度
shear strain rate　32

せん断面
shear plane　31

せん断面せん断応力
shear stress on shear plane　38

旋盤
lathe　14

【そ】

創成研削
gereration grinding　117

組織
structure　108

【た】

ダイヤモンド
diamond　72

ダイヤモンドドレッサ
diamond dresser　122

ダウンカット
down-cutting　20

タップ
tapping　24

弾性砥石
regulating wheel　115

断続切削
interrupted cutting　16

【ち】

チゼル
chisel　20

チッピング
chipping　75

鋳造
casting　4

超音波加工
ultrasonic machining　139

超硬合金
cemented carbide　72

超仕上げ
super finishing　131

調整車
regulating wheel　115

【つ】

ツルーイング
truing　122

【て】

定常摩耗
steady wear rate　77

テープ研磨
tape finishing　134

電解加工
electrochemical machining　4

電子ビーム加工
electron beam machining　3

【と】

通し送り法
through-feed grinding　116

特殊加工
non-conventional process　2

突発的欠損
chance failure　75

ドライ加工
dry cutting　96

砥粒
abrasive grain　100, 103, 104

砥粒加工
abrasive processing　100

砥粒切込み深さ
grain depth of cut　124

ドリル
drilling　20

トルク
torque　51

ドレッシング
dressing　122

【な】

内面研削
internal grinding　103, 113

【に】

逃げ角
clearance angle　30

逃げ面
flank face　30

逃げ面摩耗
flank wear　76

二次元切削
orthogonal cutting　30

二次塑性域
secondary shear zone　34

【ね】

熱移流
thermal convection　67

熱拡散
thermal diffusion　67

熱的摩耗
thermal wear　75

熱電対
thermocouple　59

粘弾性流体研磨
viscoelastic abrasive flow polishing　141

索　引

【の】

鋸歯型切りくず
① serrated chip
② saw-tooth type chip　　33

【は】

背分力
thrust force　　36, 47

歯車研削
gear grinding　　117

発　熱
heat generation　　67

ば　り
burr　　90

バレル研磨
barrel polishing　　140

【ひ】

引抜き
drawing　　4

被削材
workpiece　　14

非除去加工
non-removal process　　2

比切削抵抗
specific cutting force
　　42, 47

引っかき摩耗
ploughing　　81, 82

ピニオンカッタ
pinion cutter　　27

平削り
planing　　24

【ふ】

物理蒸着法
physical vapor deposition
　　73

浮動原理
floating principle　　5

フライス切削
face milling　　16

プラズマ加工
plasma machining　　4

プランジ研削
plunge grinding　　113

プレス
press working　　4

ブローチ
broaching　　25

噴射加工
blasting　　139

【へ】

平面研削
surface grinding　　102, 111

ベイルビー層
Beilby layer　　91

ベルト研削
belt grinding　　132

【ほ】

放射温度計
radiation thermometer　　60

放電加工
electrical discharge
machining　　2

母性原理
copying principle　　5

ホーニング
honing　　131

ホ　ブ
hob　　27

掘起し
ploughing　　75

ポリシング
polishing　　134

【ま】

摩擦角
friction angle　　38

摩擦係数
friction coefficient　　38

摩　滅
abrasive　　75

摩　耗
tool wear　　28

摩耗速度
wear rate　　77

摩耗特性式
wear characteristic
equation　　83

摩耗特性定数
wear characteristic
constants　　83

【む】

むしり型切りくず
tear type chip　　34

【め】

目こぼれ
shedding　　120

目つぶれ
glazing　　120

目づまり
clogging　　121

目直し
dressing　　122

【や】

焼入れ
quenching　　72

【ゆ】

有限体積法
finite volume method　　67

遊離砥粒加工
loose abrasive processing
　　100

遊離砥粒研磨法
loose abrasive processing
　　130, 134

【よ】

溶　接
welding　　4

溶融加工
melting process　　4

索　　　引

【ら】

ラックカッタ
rack cutter　26

ラッピング
lapping　134

【り】

リップ
lip　20

立方晶窒化ホウ素
cubic boron nitride　72

【れ】

リーマ
reaming　23

粒　度
① grain size
② grit size　103, 106

冷風加工
cooling air cutting　97

レーザ加工
laser machining　3

連続型切りくず
① continuous chip
② flow type chip　32

連続切れ刃間隔
cutting point spacing　123

連続切削
continuous cutting　16

【ろ】

ロータリダイヤモンド
ドレッサ
rotary diamond dresser　122

【C】

cBN
cubic boron nitride　72

CMP
chemical mechanical
polishing　136

CVD
chemical vapor deposition
73

【H】

Holm の確率
Holm's probability　82

【M】

MQL
minimal quantity
lubrication　96

【N】

NC 工作機械
numerical control machine
tool　15

【P】

PVD
physical vapor deposition
73

【S】

SOR 法
relaxation method　70

――著者略歴――

松村　隆（まつむら　たかし）
1987年　東京工業大学大学院修士課程修了
　　　　（機械物理工学専攻）
1987年　東京工業大学助手
1992年　博士（工学）（東京工業大学）
1992年　東京電機大学専任講師
1993年　東京電機大学助教授
2002年　東京電機大学教授
　　　　現在に至る

笹原　弘之（ささはら　ひろゆき）
1988年　東京工業大学工学部機械物理工学科
　　　　卒業
1988年　東京工業大学助手
1996年　博士（工学）（東京工業大学）
1996年　東京農工大学講師
1998年　東京農工大学助教授
2007年　東京農工大学准教授
2009年　東京農工大学教授
　　　　現在に至る

機械加工学基礎
Fundamentals of Machining Technology　　© Takashi Matsumura, Hiroyuki Sasahara 2018

2018年6月8日　初版第1刷発行
2023年2月15日　初版第2刷発行

検印省略	著　者	松　村　　　隆
		笹　原　弘　之
	発行者	株式会社　コロナ社
		代表者　牛来真也
	印刷所	新日本印刷株式会社
	製本所	有限会社　愛千製本所

112-0011　東京都文京区千石 4-46-10
発行所　株式会社　コロナ社
CORONA PUBLISHING CO., LTD.
Tokyo Japan
振替00140-8-14844・電話(03)3941-3131(代)
ホームページ　https://www.coronasha.co.jp

ISBN 978-4-339-04539-0　C3353　Printed in Japan　　（金）

JCOPY　<出版者著作権管理機構 委託出版物>
本書の無断複製は著作権法上での例外を除き禁じられています。複製される場合は、そのつど事前に、
出版者著作権管理機構（電話 03-5244-5088，FAX 03-5244-5089, e-mail: info@jcopy.or.jp）の許諾を
得てください。

本書のコピー，スキャン，デジタル化等の無断複製・転載は著作権法上での例外を除き禁じられています。
購入者以外の第三者による本書の電子データ化及び電子書籍化は，いかなる場合も認めていません。
落丁・乱丁はお取替えいたします。